U0258741

迷人的逻辑题

［英］亚历克斯·贝洛斯（Alex Bellos）—— 著

胡小锐 —— 译

中信出版集团 · 北京

图书在版编目（CIP）数据

迷人的逻辑题/（英）亚历克斯·贝洛斯著；胡小
锐译. -- 北京：中信出版社，2018.10（2021.8重印）
书名原文：Can You Solve My Problems?
ISBN 978-7-5086-9376-7

I.①迷… II.①亚… ②胡… III.①数理逻辑
IV.①O14

中国版本图书馆CIP数据核字（2018）第193953号

迷人的逻辑题

著　者：[英]亚历克斯·贝洛斯
译　者：胡小锐
出版发行：中信出版集团股份有限公司
　　　　　（北京市朝阳区惠新东街甲4号富盛大厦2座　邮编　100029）
承 印 者：北京盛通印刷股份有限公司

开　本：880mm×1230mm　1/32　　印　张：13　　字　数：168千字
版　次：2018年10月第1版　　　　印　次：2021年8月第7次印刷
京权图字：01-2018-2266
书　号：ISBN 978-7-5086-9376-7
定　价：59.00元

献　给　泽　科

目 录

前 言 →Ⅲ

暖身趣味十题：你连 11 岁的孩子都不如吗？ →001

卷心菜、花心丈夫和斑马
有趣的逻辑问题
→005

暖身趣味十题：你是文字游戏的高手吗？ →051

绕着原子行走的人
错乱的几何问题
→054

暖身趣味十题：你连 12 岁的孩子都不如吗？ →099

鸡与数学
现实生活中的趣味问题
→103

暖身趣味十题：你是地理天才吗？ →137

我要栽 9 棵树，请你帮帮忙
小道具趣味问题
→140

暖身趣味十题：你连 13 岁的孩子都不如吗？ →177

纯粹的数字游戏
为纯粹主义者准备的问题
→181

答　　案 →215
题目出处 →389
致　　谢 →401

我要介绍的所有问题都始于谢莉尔。

这个女孩远算不上天真或单纯，反而常常令人头疼不已。

但是，我总会情不自禁地想到她，因为她改变了我的人生历程。

我要澄清一下，谢莉尔并不是一个真实的人，而是新加坡数学考试题中的主角。但正是因为谢莉尔激发了我的想象力，引导我去探索各种各样的趣味问题，本书才有机会与广大读者见面。

接下来，你会遇到谢莉尔的生日问题，也会了解我和她之间发生的所有故事。但是，在正式欣赏我最喜爱的有趣的数学题之前，我们先做两道题暖暖身。

请先看下图。找出图中数字的排列规则，在"？"处填上缺失的数字。注意，最后一个圆圈中的数字7是正确的。

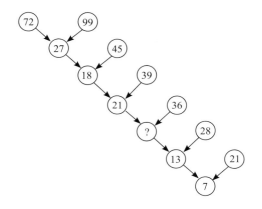

　　这个问题太有意思了，简直让人欲罢不能。而且，解答这道题不需要我们具备高等数学知识。面对这样的挑战，你肯定想一试身手。等你解开这道题（如果你真的会解）时，那种满足感一定会让你异常兴奋，大呼过瘾。20世纪日本著名趣味问题发明家芦原伸之（Nob Yoshigahara）认为这道题是他最优秀的作品。我将在前言的结尾公布它的正确答案，希望大家在看答案之前先自己试着解答一下。

　　第二道题叫"火星上的运河"。下面这幅地图标出了这颗红色星球上新发现的城市和河流。请大家从最南端的 T 城市开始，沿着运河访问所有城市，但每个城市只能去一次。在回到起点之时，所经城市的名字可以连成一个英语句子吗？

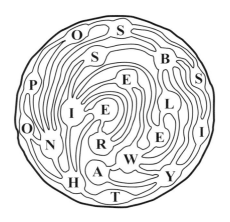

　　这道题是由多产的美国趣味问题发明家萨姆·劳埃德（Sam Loyd）在100多年前设计的。劳埃德称："当这个趣味问题第一次刊载在杂志上时，超过5万名读者说，'根本不可能完成'。"但其实这道题非常简单。如果你不亲自动手，而是选择直接看答案，你肯定会后悔的。

＊　＊　＊

　　如果你愿意认真思考这两个问题，那么不用我多做解释，你就会发现它们都非常有趣，你会沉醉其中不能自拔。一旦开始专心致志地解题，你就会无暇分心去考虑其他事。使人开动脑筋的问题具有催人向上的效果。由于现实生活屡屡违背逻辑，所以利用简单的逻辑步骤完成演绎推理是一件特别惬意的事。好的趣味问题不会设置遥不可及的目标，当你达成这些目标时，你会拥有一种无与伦比的满足感。

与谢莉尔邂逅之后，我在《卫报》上开设了一个在线趣味问题专栏。为了确保质量，我查阅了大量图书，还与专业及业余的趣味问题设计人员建立了联系。我一直喜欢数学类的趣味问题，但在开始为本书收集资料之前，我对它们的多样性、概念深度和悠久历史并不是非常了解。例如，我不知道 1 000 多年前数学的主要作用（除了统计、测量等枯燥的商业任务以外）是为人们提供带有益智性质的消遣和娱乐。（可以说，这句话在今天仍然是正确的，因为数独爱好者在人数上远超专业数学家。）趣味问题谱写了一部数学的平行历史，我们从中可以看到伟大发现的影子，即使头脑最聪敏的人，也可以获得启发。

本书收集并整理了过去 2 000 年来的 125 道趣味问题，讲述了它们的起源和影响。我挑选的都是我认为最吸引人、最有趣且发人深思的问题。它们只能算广义上的数学题，解题时不需要具备高等数学知识，但是需要运用逻辑思维进行推理。这些问题分别来自不同的时代和不同的地方，包括古代中国、中世纪欧洲、维多利亚时期的英国和现代日本。有的是传统难题，有的是当时顶尖的专业数学家精心设计的问题。然而，某一道问题到底从何而来有时很难说清楚。就像笑话和民间故事一样，这些问题也随着一代代人的修饰、调整、简化、扩展和重新设计而不断发展演变。

优秀的趣味问题往往像精简的诗句一样，简洁雅致的语言风格总是可以激起我们的兴趣，激发我们的好胜心，考验我们的创造力，在某些情况下还可以揭示普遍真理。好的趣味问题不需要用到专业知识，而是更关注创造性、机敏以及清晰的思维。趣味问题之所以迷人，是因为它们可以激发人类探索世界奥秘的冲动；它们之所以能给我们带来快乐，是因为它们把世界的某个奥秘展现在我们眼前。然而，不论趣味问题是否具有实际意义，设计的痕迹是否过于明显，我们的解题策略都有助于我们更加轻松自如地应对生活中的其他难题。

然而，趣味问题最重要的好处是寓教于乐，使我们尽情享受智力游戏带来的乐趣。这些问题非常有趣，因为它们反映了孩童般的好奇心。我在选择趣味问题时尽可能地挑选不同的风格，这就要求我们在解题时要使用不同的方法。有的题目需要我们灵光一现，有的需要我们依直觉行事，还有一些——现在还不能说得太详细。

本书的每一章都围绕一个主题，每章中的问题大致按照出现时间顺序排列，而不是按难易程度排序，因为难易程度通常很难判断。同一道题，有的人觉得难于上青天，有的人却觉得小菜一碟。有的问题我给出了解法，有的问题我进行了提示，还有一些问题需要读者自己动手动脑解决（答案附在书的后面）。有的问题很简单，有的则会让你挠头好几天，这些难题我都用符号"✿"标示出来了。如果你真的无法解决，可以参考书后给出的答案，我希望你会认为这些解法和问题本身一样有趣。学会或者了解了新的技巧、想法或者结果后，有时会让人感到无比激动。

在每一章开始之前，我都会给出10道速答题，目的是让你调整好状态。第1章、第3章和第5章的10个问题难度较大，所有问题都选自英国大不列颠数学协会针对11~13岁学生的数学竞赛。对，它们都是针对孩子的问题。试试看你会不会做吧！

现在，让我们回过头讨论本部分开头的两个问题。

在看到"数字树"时，你的视线肯定会落在左上方。怎样才能由72和99得到27呢？

有了！ $99 - 72 = 27$。

也就是说，把两个箭头尾端圆圈中的数字相减，就得到了箭头所指圆圈中的数字。

下一个圆圈中的数字18也符合这个规律：

$45 - 27 = 18$

数字21也符合这个规律：

$39 - 18 = 21$

由此可见，缺失的那个数字肯定是21与36的差，也就是

$36 - 21 = 15$

保险起见，我们沿着树形图接着往下看：

$28 - 15 = 13$

太棒了！规则仍然有效，马上就要大功告成了。

但就在这时，意外出现了！

最后一个数字是7，指向它的两个箭头尾端圆圈中的数字分别是13和21，而7并不是13和21的差。

这下可糟糕了！我们最初的假设不成立了。圆圈中的数字并不等于指向它的两个箭头尾端圆圈中的数字之差。芦原伸之巧妙地引领着我们走在花园的小径上，直到最后一步我们才发现自己走错路了。

现在，让我们回到起点，也就是第一个圆圈的位置。由72和99得到27，还有别的办法吗？

答案简单得出乎你的意料！

$7 + 2 + 9 + 9 = 27$

把所有数位上的数字相加即可。

下一个数字也满足这个规律：

$2 + 7 + 4 + 5 = 18$

接下来的数字同样如此。因此，缺失的数字肯定是：

$2 + 1 + 3 + 6 = 12$

最后两个数字同样没有任何问题：

$1 + 2 + 2 + 8 = 13$

$1 + 3 + 2 + 1 = 7$

这道趣味问题设计得非常巧妙，因为芦原伸之发现有两条算术规则可以在整个序列中的5个环节得到相同的答案，但其中一条规则在最后一个环节出现了问题，所以只有一条规则是正确的。神奇的是，这道题毫不费力就让我们走上了错误的方向。在很多时候，我们觉得某道题很难，并非因为它是一道"难题"，而是因为我们走上了一条错误的道路。切记！

"火星上的运河"这道题你解开了没有？你可以按照"There is no possible way"（根本走不出去）这个句子走完全程。这道题告诉我们，阅读一定要仔细！

接下来，让我们一试身手吧。

暖身趣味十题

你连 11 岁的孩子都不如吗？

游戏规则：不得使用计算器！

（1）下图给出了同一个立方体的三个不同视角。与 U 相对的那一面应该是哪个字母？

A. I　B. P　C. K　D. M　E. O

（2）匹诺曹的鼻子长 5 厘米，他每撒一次谎，鼻子的长度就会加倍。撒谎 9 次后，他的鼻子大致跟下面哪一个物体的长度差不多？

A. 多米诺骨牌　B. 网球拍　C. 斯诺克球桌　D. 网球场
E. 足球场

（3）单词"thirty"（30）有 6 个字母，而 30 = 6×5。同样，

单词"forty"（40）有 5 个字母，而 40 = 5×8。下面哪个数字不是单词字母个数的倍数？

A. six（6）　　　**B.** twelve（12）　**C.** eighteen（18）

D. seventy（70）　**E.** ninety（90）

（4）艾米、本和克里斯正在排队。如果艾米站在本的左侧，克里斯站在艾米的右侧，那么下面哪个说法是正确的？

A. 本站在最左边　　**B.** 克里斯站在最右边

C. 艾米站在中间　　**D.** 艾米站在最左边

E. A、B、C、D 都不对

（5）下面哪个图形可以在笔尖不离开纸而且线条不重复的情况下一笔画成？

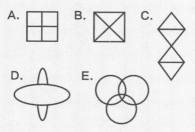

（6）354 972 除以 7，余数是几？

A. 1　B. 2　C. 3　D. 4　E. 5

（7）一个家庭有若干孩子，每个孩子都至少有一个兄弟和一个姐妹。那么，这家至少有几个孩子？

A. 2　B. 3　C. 4　D. 5　E. 6

（8）987 654 321 乘以 9，得数中一共有几个 8？

A. 1　B. 2　C. 3　D. 4　E. 9

（9）在下面这个未完成的金字塔图形中，每个矩形中的数字都是下方两个相邻矩形中的数字之和。请问，x 代表的是几？

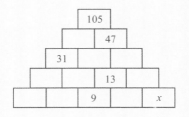

A. 3　B. 4　C. 5　D. 6　E. 7

（10）把分数 $\frac{20}{11}$ 写成循环小数，这个小数中包含多少个不同的数字？

A. 2　B. 3　C. 4　D. 5　E. 6

卷心菜、花心丈夫和斑马

有趣的逻辑问题

　　从逻辑谈起顺理成章，因为逻辑推理是解决所有有趣的数学问题时都必须遵守的基本规则。逻辑可以说是所有数学的基础。然而，在有关趣味问题的所有专业术语中，逻辑问题是指仅用演绎推理就可以解决的问题。这类题目不需要任何算术或代数运算，也不需要随手画出图形。而且，它们不需要任何技术知识，是最容易理解的数学难题，问题的表述经常采用幽默有趣的语言。但是，我们很快就会看到，逻辑问题并不总是最容易解决的，因为它们经常会以不熟悉的方式欺骗我们的大脑。

　　逻辑问题至少可以追溯至法兰克国王查理曼大帝时代。

　　799年，统治西欧大部分地区的查理曼大帝收到了他曾经的老师阿尔昆的一封信，信中写道："我出了一些有趣的算术题，供你消遣。"

　　阿尔昆是那个时代最伟大的学者。他在约克郡长大，上的是英国最好的学校——约克郡的天主教学校，后来还担任这所学校的校长。他的声名传到查理曼耳中之后，这位法兰克国王说服阿尔昆前往亚琛，帮忙管理宫廷学校。来到亚琛之后，阿尔昆创建了一个大型图书馆，随后又对加洛林王朝实施了教育改革。阿尔昆最终离开了查理曼的王宫，成为图尔修道院的院长。他就是在这个时候给查理曼写了上面那封信。

　　有人认为，连笔书写法是阿尔昆的发明，所以他和他手下的众多抄写员的写字速度都非常快。也有人认为，他是第一个用倾斜的曲线表示问号的人。由趣味问题早期历史中最主要的人物发明问号，的确顺理成章。

　　阿尔昆在他写给查理曼大帝的信中提到的那些算术题原件早已失传。问题大约有50道，历史学家称之为《青少年趣味智力问题》（ *Problems to Sharpen the Young* ）。历史学家认为，记录这些问题的现存最古老的手稿也比这封信晚100年，因此，除了阿尔昆这位当时最杰出的教师以外，还有谁能想出这样的算术题呢？

　　这是一个非常重要的文档，不仅是内容最丰富的中世纪趣味问题大全，还是首个包含了原创数学内容的拉丁文本。（罗马人修建了道路、引水渠、公共浴场和卫生系统，但他们从未开展过任何数学研究。）书中的第一个问题就让人忍俊不禁：

燕子邀请蜗牛去 1 里格[①] 以外的地方共进午餐。如果蜗牛一天走 1 英寸[②]，它要花多长时间才能走到午餐地点？

答案是 246 年 210 天。还没等蜗牛到达那里，它早已经死了。另一个问题如下：

某人问一群学生："你们学校有多少学生？"其中一名学生回答说："我不想直接告诉你，但是我会告诉你怎么找到这个答案。你先把学生人数增加一倍，然后把得数乘以3，再把乘积四等分。如果你把我加到其中一个等份中，人数就会变成 100。"请问这所学校里到底有多少学生？

这真是一个古灵精怪的孩子！我把这个问题留给你们解决吧。

---

① 里格（league），原陆路长度单位，1 里格一般约等于 3 英里。——译者注

② 1 英寸≈2.54 厘米。——编者注

阿尔昆的措辞不仅古怪，而且富有开创性。这是人们第一次用幽默的方式激起学生对算术的兴趣。然而，这个文档之所以重要，不仅因为它在风格上有所创新，还因为它包含一些新的问题类型。有些问题需要演绎推理，但不需要计算。阿尔昆最著名的趣味问题无疑也是有史以来最知名的数学题。

狼、羊和卷心菜

一个人带着一匹狼、一只羊和一捆卷心菜来到了河边。他需要过河，但是河边只有一条船，而且他只能带一样东西上船。他不能把狼和羊一起留在河边，也不能让羊和卷心菜一起留在河边，因为在这两种情况下，前者都会吃掉后者。

那么，如何用最少的渡河次数把所有东西都带到河对岸呢？

这个问题之所以非常有趣，主要有两个原因。第一，问题设置的情景非常滑稽。你整个上午都在风尘仆仆地赶路，还要不停地把狼从羊身边赶走，也不能让羊靠近卷心菜。现在，你的麻烦更大了，因为你不得不乘坐一条小得可怜的船渡河。第二，答案也非常好玩和有趣。因为我们的英雄必须用一种凭直觉几乎不可能想到的方式，才能成功渡河。

下面你也来试试看吧。一篇 13 世纪的文章宣称所有 5 岁的孩子都能解决这个问题，所以不要有任何压力。

或者，你也可以跟我一起完成推理。

我们假设这位过路人在河的左岸。他带着三样东西，但是每次只能带一样上船。如果他把狼带走，把羊和卷心菜留在岸边，羊就会吃掉卷心菜。如果他带走卷心菜，狼就会吃掉羊。由于狼不吃卷心菜，所以根据排除法可知，第一次过河时，他只能带上羊。他将羊送到河的右岸之后，再返回左岸带走第二件东西。

现在，他可以选择带走狼或者卷心菜。假设他决定在第三次渡河时带上卷心菜，但到达右岸后，他又不能把羊和卷心菜一起

留在那里，这时该怎么办呢？如果带着卷心菜一起回来，就意味着他没有取得任何进展，因为他刚刚才把卷心菜送到右岸，所以他必须带着羊回到左岸。这一步违背了人们的直觉。他的目标是把所有东西都带到河对岸，但他必须把某些东西送过河之后再带回来，之后再次把它们送过河。

　　经过4次渡河之后，他又回到了左岸，此时狼和羊都在左岸。他把羊拴好，然后带着狼第五次渡过了河。到了右岸之后，因为狼对卷心菜不感兴趣，所以他现在需要做的就是再次回到左岸，把羊带过河就可以了。经过7次渡河，我们的主人公终于完成了这项麻烦的任务。

　　（本题还有一个等效答案。如果过路人在第三次渡河时选择带上狼，逻辑推理过程不变，他同样需要通过7次渡河来完成任务。）

《青少年趣味智力问题》还记录了其他渡河难题，比如下面这个与卧室闹剧非常相似的问题。

三个男人和他们的妹妹

三个男人分别带着自己的一个妹妹外出，他们需要渡过一条河，但每个男人都对另外某个男人的妹妹有觊觎之心。来到河边之后，他们发现只有一艘小船可以渡河，而且一次只能载两个人。如果妹妹与除自己哥哥以外的男人独自乘船，就会受到欺负。请问，用什么办法可以让所有人都过河，而且三个妹妹都不会受欺负？

由于阿尔昆的措辞有些歧义，所以这个问题可以有两种不同的理解。没有争议的是，三对兄妹都必须渡过这条河，而他们可以自由使用的工具只有一条每次可载两个人的船。但是，还需要满足下面其中一个限制条件：第一，小船绝对不能载没有血缘关系的一男一女；第二，如果岸上有其他男性，那么小船在岸边上客或下客时，船上的女性必须由哥哥陪同。如果要满足第一个条件，那么所有人全部到达河对岸，一共需要渡河9次。我认为，第二个条件更符合题意。在这种情况下，小船需要渡河11次，才能完成任务。请大家试着找到这两种渡河方法。

1 000多年以来，渡河问题给男女老少带来了无穷的欢乐。在世界各地传开之后，这些问题发生了一些变化，当地人关心的问题也不断加入。在阿尔及利亚，狼、羊和卷心菜被换成了豺、羊和一捆干草；到了利比里亚，又被换成了猎豹、鸡和大米；到了桑给巴尔岛之后，又变成了豹子、羊和树叶。三个男人带妹妹出游的问题也随着时代的变化而改变：好色的男人变成了嫉妒的丈夫，他们禁止妻子和其他男人同船渡河。到了13世纪，有一个版本还给所有人起了名字，三对夫妇分别是：贝托尔德和贝尔塔，格哈德斯和格蕾塔，罗兰德斯和罗萨。答案也被编成了两句六步格的诗。如果你懂拉丁文，不妨读一读这两句诗：

> *Binae, sola, duae, mulier, duo, vir mulierque,*
>
> （二女，一女，二女，一女，二男，夫妻俩，）
>
> *Bini, sola, duae, solus, vir cum muliere.*
>
> （二男，一女，二女，一男，夫妻俩。）

到了17世纪，题中的夫妻变成了主仆。所有主人都禁止他们的仆人与另一位主人同行，以防自己的仆人被那位主人谋杀。19世纪的社会冲突发生了转变：主仆变成了主人和雇工，同时规定在河的任意一边，雇工的人数都不可以超过主人的人数，以防他们萌生抢劫主人的想法。后来，仇外心理取代了性别歧视和阶级斗争，经典的版本变成了三个传教士和三个饥饿的食人者一起出行。从这道趣味问题，我们不仅可以了解数学的发展过程，还可以了解社会阶层的演变历程。

下面这道渡河问题出现于20世纪80年代。世纪之交，微软公司在他们的面试中就采用了这个问题，以测试未来员工解决问题的能力。这道题非常棘手，解题的关键是让你的逻辑思维战胜直觉。

过桥

约翰、保罗、乔治和林戈 4 个人站在峡谷的一边，面前是一座摇摇欲坠的桥通向峡谷的另一边，每次最多只能允许两个人通过。由于是晚上，桥又不太牢固，所以不管是谁，过桥时都必须拿着手电筒。但他们只有一个手电筒，而且峡谷很宽，无法把手电筒从一边扔到另一边，所以手电筒只能由人拿着。约翰可以在 1 分钟内走过大桥，保罗、乔治和林戈分别需要 2 分钟、5 分钟和 10 分钟。两人同行时的速度等于两人中较慢的那个人的速度。请问，4 人如何在最短的时间内通过峡谷？

要解决这个问题，最显而易见的方法就是约翰每次陪着一个朋友过桥，这样他可以用最快的速度回来接送一个人。选择这个方法的话，一共需要 2 + 1 + 5 + 1 + 10 = 19 分钟。但是有没有更快的方法呢？

我们回头看看阿尔昆的《青少年趣味智力问题》，里面有这样一个问题：

在耕耘了一整天后，牛在最后一道犁沟里留下了多少个脚印？

答案当然是一个也没有！无论有多少脚印，都会被犁弥平。这是谜题文学中最早出现的难题。

《青少年趣味智力问题》还收录了一些其他类型的题目，包括"亲属关系问题"，这类题目要求你找出非传统家庭成员之间的关系。这是我最后一次从这位古代约克郡人的作品中挑选问题，后面的题目都是1 000年之后才出现的。

双重关系

> 如果两个男人分别娶了对方的母亲，那么他们各自的儿子彼此之间是什么关系？

我发现亲属关系问题特别有趣。在解决这类问题时，不管我怎么努力地保持一本正经，并认真地进行逻辑推理，我都会忍不住好奇问题背后到底有怎样稀奇古怪的故事。

自中世纪以来，这类问题一直占据着非常重要的地位。维多利亚时代的人可能认为颠覆传统家庭结构的暗示具有强烈的吸引力。

刘易斯·卡罗尔（Lewis Carroll）是有关亲属关系问题的狂

热分子，下一个问题就选自他的《混乱不堪的故事》（*A Tangled Tale*）中的一个章节［卡罗尔称之为"节"（knot）］。我认为，1885年出版的这部著作是同类作品的巅峰之作。

⑤

晚宴

某州州长想举办一个小型宴会，他希望邀请的客人包括他父亲的妹夫（姐夫）、他哥哥（弟弟）的岳父、他岳父的哥哥（弟弟）、他姐夫（妹夫）的父亲。猜猜看，到底有多少客人？

要让晚宴的规模尽可能小，客人最少有多少人？

在推广逻辑问题的趣味性方面，《爱丽丝梦游仙境》和《爱丽丝镜中奇遇记》的作者刘易斯·卡罗尔厥功至伟，因为这两部小说包含大量的悖论、游戏和哲学趣题。卡罗尔原名查尔斯·路特维奇·道奇森（Charles Lutwidge Dodgson），是牛津大学的数学教授。他还写过三本数学趣味问题方面的书，但都没有爱丽丝系列那么成功，原因之一是那三本书涉及的数学知识太难了。

然而，卡罗尔是最早利用说真话、说谎话来设计趣味问题的人之一（后来，这类逻辑趣题非常流行）。他发现，在人们互相指责对方说谎时，我们有可能从中推断出到底谁说的是真话。1894年，他在日记中写道："在过去的几天里，我已经解决了设计'谎言'困境时遇到的几个奇怪的问题。"下面是他在日记中提到的那个逻辑趣题，我用大家都熟悉的语言进行了改写。同年晚些时候，这个逻辑趣题被印成了一个未署名的小册子。

谁在说谎

波尔塔说葛丽塔在撒谎。

葛丽塔说罗莎在撒谎。

罗莎说波尔塔和葛丽塔都在撒谎。

谁说的是真话？

在分辨谁在说真话、谁在说谎话之前，我们先看看下面这道在20世纪30年代早期风靡一时的逻辑趣题。你猜得出答案吗？

史密斯、琼斯和罗宾逊

史密斯、琼斯和罗宾逊是火车司机、消防员和警卫，但是我们不知道哪个人做的具体是哪份工作。火车上有三名乘客，巧合的是他们的姓氏与那三人相同。我们在称呼这三名乘客时，会在他们的姓氏后面加上"先生"，以示区别。因此，三名乘客分别被称作史密斯先生、琼斯先生和罗宾逊先生。

罗宾逊先生住在利兹。

警卫住在利兹和设菲尔德之间的某个地方。

琼斯先生的年薪是 1 000 英镑 2 先令 1 便士。

史密斯的台球水平比消防员高。

与警卫距离最近的邻居（三名乘客之一）的收入正好是警卫的三倍。

与警卫姓氏相同的乘客住在设菲尔德。

请问，火车司机姓什么？

（原文使用的是英国旧货币制度，我在改写这道题时予以保留，这是因为 1 000 英镑 2 先令 1 便士这个金额有一个非常重要的作用，即不能被 3 整除。）

我非常喜爱这道题，它会激发你当侦探的欲望。乍一看，似乎信息非常少，不足以帮我们找出答案。但是，一旦你把这些线索汇总起来，你就会发现每个人的准确身份。

1930 年 4 月，"史密斯、琼斯和罗宾逊"问题出现在伦敦文学期刊《河滨杂志》（*The Strand Magazine*）上。随后不久，这道题就在英国掀起了一股热潮，全国各地的报纸纷纷转载，并迅速向全世界传播。1932 年，《纽约时报》刊载了这道深受欢迎的趣味问题，同时推出了美国版本，把利兹和设菲尔德换成了底特律和芝加哥。

解决这个难题最直接的方法就是画两个表格。接下来，我们一起来做这道题。我们需要找到史密斯、琼斯和罗宾逊这三个人谁是火车司机、谁是消防员、谁是警卫，因此，如下方左图所示，我们画一个包含工作人员姓名和职业的表格。这道题还涉及三名乘客和三个地点，因此，如下方右图所示，我们画出第二个表格，并标注出史密斯先生、琼斯先生和罗宾逊先生，以及利兹、设菲尔德及两地之间。

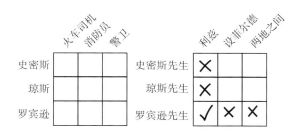

第一条可靠的信息是罗宾逊先生住在利兹，所以我们可以在罗宾逊先生／利兹的方格里打钩，在表示罗宾逊先生居住在其他地方以及表示其他人居住在利兹的方格里都打上叉。我们还需要汇总其他线索，在更多的方格里打钩或者打叉。例如，居住地与警卫距离最近的那名乘客，收入是警卫的三倍。根据这条信息，我们可以确定琼斯先生不是那名与警卫住得最近的邻居，因为他的薪水无法被分成三等份。好了，剩下的侦探工作就交给你们来完成吧。

在"史密斯、琼斯和罗宾逊"问题被公布的当月，它的创造者亨利·恩斯特·杜德尼（Henry Ernest Dudeney）离开了人世，终年73岁。杜德尼为《河滨杂志》撰写了20多年的趣味问题，是他那个时代最杰出的数学趣题设计师，但是直到他死后，"史密斯、琼斯和罗宾逊"问题才帮助他取得了一生中最大的成就。《新政治家》（New Statesman）杂志再次刊登这道趣味问题之后，该杂志桥牌专栏和填字谜专栏的主编休伯特·菲利普斯（Hubert Phillips）称："结果令人震惊。潮水般涌来的答案（杂志并没有邀请读者答题）充分说明，有许多人都对推理类趣味问题感兴趣，而且兴趣非常强烈。"

菲利普斯是英国自由党经济学讲师和经济顾问。在这道趣味问题流行之时，40岁出头的他刚刚转行，进入了新闻行业。这道题引起了菲利普斯前所未有的兴趣，他因此放弃了桥牌专栏，改为定期向读者奉献一道逻辑趣题。整个20世纪30年代，菲利普斯成为一位多产的创新型数学（及其他类型）趣题发明者，把这10年变成了趣味问题的黄金时代。

下面向大家介绍他的两道趣味问题，这也是我非常喜欢的两个问题。第一道题是一个悬疑类问题，第二道题则是以一种诙谐的方式向传统的亲属关系问题致敬。

圣丹德海德学校

福威尔市的圣丹德海德学校在曲棍球方面享有很高的声誉，但是在诚实方面却名声不佳。最近，11名女球员在迪德尔赫姆打了一场比赛，之后女孩们一起去听音乐会。最后，负责管理球队的女教师普里小姐集合了队伍，她看到有10名女孩是从音乐厅出来的，还有一个是从隔壁电影院出来的。当她问去看电影的人是谁时，团队成员七嘴八舌地说起来。

琼·贾金斯说："是琼·特威格。"

格蒂·盖斯说："是我。"

贝茜·布朗特说："格蒂·盖斯在撒谎。"

莎莉·夏普说："格蒂·盖斯在撒谎，琼·贾金斯也撒谎了。"

玛丽·史密斯说："是贝茜·布朗特。"

多萝西·史密斯说："不是贝茜，也不是我。"

凯蒂·史密斯说："不是姓史密斯的女生。"

琼·特威格说："要么是贝茜·布朗特，要么是莎莉·夏普。"

琼·福赛特说："琼·贾金斯和琼·特威格都在撒谎。"

劳拉·兰姆说："姓史密斯的三个女生中只有一个人说了真话。"

弗洛拉·弗卢梅里说："不对，姓史密斯的三个女孩中有两个在说真话。"

已知这 11 个女孩中至少有 7 个人没说真话，请问，去看电影的人到底是谁？

亲属关系问题

金斯利代尔一定是一个缺少适婚女子的地方，因为有 5 个男人分别娶了其中另一个人的寡居母亲。詹金斯的继子汤姆金斯是帕金斯的继父，詹金斯的母亲是沃特金斯夫人的朋友，沃特金斯夫人的婆婆是帕金斯夫人的表姐妹。

请问，西姆金斯的继子叫什么名字？

这类逻辑问题现在通常被称为"表格"问题，因为解决它们的最好方法就是绘制一个包含所有可能选项的表格。其中最著名的斑马问题是20世纪60年代的作品，作者身份不明。

斑马问题最早出现在1962年的《生活》杂志国际版上。人们通常称其为爱因斯坦的逻辑趣题，因为这道题的作者据说是爱因斯坦。不过，考虑到爱因斯坦于1955年去世，这个说法的可靠程度值得商榷。此外，经常有人声称只有2%的人能做对这道题。这个数据可能并不真实，但至少说明这是一道非常难的趣味问题。

斑马问题

1. 一共有 5 间房子。

2. 苏格兰人住在红色房子里。

3. 狗是希腊人的。

4. 住在绿色房子里的人喝咖啡。

5. 玻利维亚人喝茶。

6. 象牙色房子的右手边是绿色房子。

7. 蜗牛的主人穿着粗革皮鞋。

8. 穿着橡胶底鞋子的人住在黄色房子里。

9. 住在正中间房子里的人喜欢喝牛奶。

10. 丹麦人住在第一间房子里。

11. 穿着勃肯鞋的人住在狐狸主人的隔壁。

12. 穿着橡胶底鞋子的人住在马主人的隔壁。

13. 穿拖鞋的人喜欢喝橙汁。

14. 日本人穿人字拖。

15. 丹麦人住在蓝色房子的隔壁。

请问，喜欢喝水的人是谁？斑马主人是谁？

为便于区分，5间房子被漆成了不同的颜色，居住在房子里的人来自不同的国家，养着不同的宠物，喝不同的饮料，穿不同的鞋子。在《生活》杂志的版本中，这些人还抽不同品牌的美国香烟。鉴于爱因斯坦以从来不穿袜子而闻名于世，我把香烟换成了鞋子。

《生活》刊登了这道趣味问题之后，读者的反应非常热烈。在接下来的一期中，编辑把它放到了封面的显要位置，同时指出："上一期杂志刚刚开始发售，读者来信就如潮水般涌入我们的收发室。这些信件来自律师、外交官、医生、工程师、教师、物理学家、数学家、上校、士兵、牧师和家庭主妇，还有一些知识特别渊博、逻辑性特别强的孩子。这些人的居住地非常分散，彼此相距几千英里①之遥，有的住在英格兰农村，有的住在法罗群岛，有的住在利比亚沙漠，还有的住在新西兰。但是他们都收到了上天的相同的恩赐——超高的智力水平。"我的读者，你可别让我失望啊。

如果你喜欢上面这道题，那么下面这道伤脑筋的题你肯定也会喜欢。它是由剑桥大学的年轻逻辑学家马克斯·纽曼（Max Newman）于1933年设计的，刊登在休伯特·菲利普斯在《新政治家》杂志主持的一个专栏上。菲利普斯借用莎士比亚戏剧《暴风雨》（The Tempest）中那个遭到奴役的半人半兽的角色，作为趣味问题的主人公。很多凯列班系列趣味问题是多个数学家合作设计的产物，这一道是其中的代表作。

这道趣味问题堪称天才之作。题中的信息似乎远不足以解决问题，但是所有需要的信息其实都包含其中。《数学杂志》（The Mathematical Gazette）称，纽曼的这道趣味问题是一件"珍品"，"在你成功解决之前你绝不敢相信它竟然有解"。这道题曾让我吃尽苦头，但是这并不妨碍我欣赏它的言简意赅，以及答案蕴含的雅致之美。

---

① 1英里≈1.61千米。——编者注

凯列班的遗嘱

人们打开凯列班的遗嘱，发现它包含以下条款：

我给洛、Y.Y.和"批评家"各留了 10 本书，他们必须按照下列要求决定挑选的先后次序：

（1）任何见过我打绿色领带的人都不得在洛之前挑选；

（2）如果 1920 年 Y.Y.不在牛津，那么曾借雨伞给我的人不能第一个挑选；

（3）如果 Y.Y.或"批评家"拥有第二选择权，那么"批评家"要排在第一个坠入爱河的人前面。

遗憾的是，洛、Y.Y.和"批评家"都不记得任何相关事实，但家庭律师称，如果问题本身没有毛病（即问题中没有包含与答案无关的多余语句），就可以推断出相关信息和先后次序。

请问，遗嘱规定的先后次序是什么？

洛、Y.Y.和"批评家"是菲利普斯在《新政治家》的同事，但是这个事实对于解题几乎没有帮助。我们必须注意到一个关键点：问题中提到的每一条信息都与答案相关，所以，只要某个语句的某个内容没有在解题过程中用到，得出的答案就是错误的。纽曼的大脑不仅善于设计难题，后来还在更严肃的场合中发挥了

解决难题的作用。在第二次世界大战期间，他在布莱奇利公园[①]
负责一个叫作纽曼利的密码破译部门。后来，该部门研发了世界
上第一台可编程电子计算机——巨人计算机。纽曼是理论计算机
科学之父阿兰·图灵（Alan Turing）的同事和好友。事实上，图
灵那篇具有里程碑意义的论文《论可计算数》（*On Computable
Numbers*）正是在听了纽曼在剑桥的授课、受到启发之后完成
的。战争结束后，纽曼在曼彻斯特建立了英国皇家学会计算机实
验室，并说服图灵加入了他的队伍。

　　下面这个有趣的问题叫作"三角枪战"（该问题最早是由菲
利普斯提出的）。我对问题进行了重述，以致敬某部最后只有一
个人幸存的电影。

三角枪战

　　善良、邪恶和丑陋准备参加三角枪战。三个人所在的位
置构成一个三角形。规则要求，丑陋第一个开枪，邪恶第

[①]　布莱奇利公园（Bletchley Park）又称X电台（Station X），在第二次
世界大战期间，曾是英国政府破解密码的主要地点。——译者注

二，善良第三，之后再次轮到丑陋，然后是邪恶和善良，按
此次序进行下去，直到剩下最后一个人。丑陋的枪法最差，
命中率只有 1/3。邪恶的枪法强于丑陋，三枪可以命中两
枪。善良的枪法最好，百发百中。

假设每个人都进行了最有效的部署，绝不会被流弹误伤。

请问，丑陋应该瞄准谁开枪，他生还的概率最大？

下面三道逻辑趣题是由菲利普斯推广的（尽管这三道题的作
者不是菲利普斯）。这种类型的趣味问题看起来就像一场独幕剧，
设计巧妙，一旦成功解决，会给人一种回味无穷的感觉。

苹果和橙子

你面前有三个盒子，第一个盒子上的标签是"苹果"，
第二个是"橙子"，第三个是"苹果和橙子"。一个盒子里装
着苹果，另一个盒子里装着橙子，还有一个盒子里装着苹果
和橙子。然而，所有标签都没有贴在对应的盒子上。你的任
务是重新贴好这些标签。你无法看到（或者闻到）盒子里装
的是什么，但是你可以把手伸到其中一个盒子里，并拿出一

个水果。

　　选择哪个盒子，可以让你在看到从中拿出的水果后，就能推断出每个盒子里装的是什么水果？

盐、胡椒和调味酱汁

　　席德·索尔特、菲尔·佩珀和里斯·莱利士[①]共进午餐。某一时刻，他们中的一个人注意到他们三人中正好一个人拿起了盐，一个人拿起了胡椒，一个人拿起了调味酱汁。

　　拿着盐的人说："更有趣的是，我们每个人拿起的调味品都跟自己的姓氏不对应！"

　　"请把调味酱汁递过来！"里斯说道。

　　如果这位观察者拿的不是调味酱汁，那么菲尔拿起的调味品是什么？

---

① 　索尔特、佩珀和莱利士这三个姓氏的英文拼写分别是Salt（盐）、Pepper（胡椒）和Relish（调味酱汁）。——译者注

石头、剪刀、布

　　亚当和夏娃玩石头、剪刀、布的游戏，一共玩了10次。已知以下信息：

- 亚当出过3次石头、6次剪刀和1次布。
- 夏娃出过2次石头、4次剪刀和4次布。
- 二人没有出现过平局。
- 亚当和夏娃出各种手势的先后次序是未知信息。

请问，谁赢了？比分是多少？

　　当菲利普斯于1964年去世时，《纽约时报》上的讣告称："可能有人会说，他在雨雪天气里给我们带来的欢乐比其他任何一位作家都多。"除了趣味问题以外，他还编写了数以千计的填字游戏，以及与桥牌有关的大量内容（他是英格兰桥牌队队长）。他写过打油诗、200多部侦探小说和一篇关于足球的学术论文。在BBC（英国广播公司）的《全英问答竞赛》（*Round Britain Quiz*）中，他的诙谐有趣深受人们的欢迎。尽管涉猎如此广泛，他在趣题文化领域仍然起到了深远的影响。

　　菲利普斯是第一个让参与者相互透露信息的趣味问题设计者，正因为如此，他成为2015年风靡世界的谢莉尔生日问题的鼻祖。

最初，这类趣味问题是围绕脸上的污垢设计的，最简单的版本只涉及两个人。

泥巴俱乐部

阿尔伯塔和伯纳黛特在花园里玩泥巴，然后进了屋。姐妹俩都可以看到对方的脸，但看不到自己的脸。她们的父亲看了看她们两个，然后告诉她们，至少有一个人的脸上有泥巴。

他让姐妹俩背对着墙站好，然后说："脸上有泥巴的人向前走一步。"

姐妹俩谁都没动。

"脸上有泥巴的人向前走一步。"父亲又说了一遍。

请问，姐妹俩会怎么做？为什么？

在解这类问题时，我们必须假设故事里的人（即使是那些淘气的孩子）都非常诚实，而且拥有专业逻辑学家的分析技巧。

下面，我和大家一起解这道题。我们知道至少有一个女孩脸上有泥巴，所以一共有三种可能的情况：第一，阿尔伯塔脸上有泥巴，伯纳黛特的脸很干净；第二，情况刚好跟第一种相反；第三，两个人脸上都有泥巴。

先考虑第一种情况，即阿尔伯塔脸上有泥巴，而伯纳黛特的脸很干净。（请注意，这些信息只有我们局外人知道，姐妹俩并不知道。她们掌握的信息仅源自她们的观察及在此基础上做出的推断。）

让我们进入阿尔伯塔的大脑。她看向伯纳黛特，结果看到了一张干净的脸。因为她知道至少有一个人脸上有泥巴，所以她可以肯定那个人就是她自己。随后，她的父亲让脸上有泥巴的人向前走一步，但是阿尔伯塔站在那儿没动。因此，我们可以断定这种情况是不正确的，因为如果阿尔伯塔是个诚实的孩子，她就会站出来。

再考虑第二种情况，即伯纳黛特的脸上有泥巴，而阿尔伯塔的脸是干净的。

这种情况的逻辑推理过程与第一种情况相同，因此这种情况也可以排除。

接下来考虑第三种情况，即两个女孩的脸上都有泥巴。

我们仍然从阿尔伯塔的角度考虑这种情况。她看向伯纳黛特，结果看到了一张有泥巴的脸。她知道至少有一个人的脸上有泥巴，但她无法推断出自己的脸上有没有泥巴，因为无论她的脸上有没有泥巴，"至少有一个人的脸上有泥巴"这句话都是成立的。所以，当她的父亲让脸上有泥巴的人站出来时，她没有动。重要的是，阿尔伯塔之所以没有站出来，是因为她不知道自己的脸上究竟有没有泥巴，而不是因为她知道自己的脸很干净。

同样，伯纳黛特看到了一张有泥巴的脸，因此她也无法确定自己的状况。当她的父亲让脸上有泥巴的人站出来时，她同样不会动。

由此我们可以肯定第三种情况是正确的，因为在父亲第一次让脸上有泥巴的人站出来时，这两个女孩都没有动。那么，接下来会发生什么呢？

阿尔伯塔的脸上可能有泥巴，也可能没有泥巴。不过，她可以排除后一种可能性，因为如果她的脸是干净的，伯纳黛特在看到她的脸后就可以推断出自己的脸比较脏，并且在她们的父亲第一次提出要求时就会站出来。因此，阿尔伯塔推断出自己的脸上有泥巴。出于同样的原因，伯纳黛特也推断出自己的脸上有泥巴。于是，在她们的父亲第二次让脸上有泥巴的人站出来时，姐妹俩都会向前走一步。

总而言之，在父亲要求脸上有泥巴的人站出来时，由于姐妹俩都能看到彼此的脸上有泥巴，所以她们无法推断自己的情况。但是，当她们意识到对方也无法推断出自己的状况时，她们就会从中得到更多的信息，从而推断出她们两个人的脸上都有泥巴。

太棒了！

菲利普斯发表第一个"脸上污垢"问题的时间是在1932年，但脸上污垢的逻辑推理的历史更悠久。例如，法国的猜谜游戏"看谁笑到最后"至少可以追溯到16世纪。根据规则，一名玩家用沾满烟灰的手指在其他成员的脸上留下印迹，所有玩家都要想方设法成为笑到最后的那个人。法国作家弗朗西斯·拉伯雷（François Rabelais）在那部滑稽怪诞的代表作《巨人传》（*Gargantua and Pantagruel*）中就曾提到这个游戏。在这部小说19世纪初的德译本中，这个游戏发生了一个新颖的变化。参与游戏的所有人都要捏右边那个人的脸颊，但是其中有两个人用烧焦的粉笔把自己的手指弄黑了，所以有两个人的脸上会有粉笔灰。该德译本的译者在注释中解释说："这两个人都认为大家在笑话另一个人，却不知道自己遭到了愚弄。"

在菲利普斯发表了他的"脸上污垢"问题后不久，这个趣味问题就出现了大量的变体，并引起了学者们的兴趣。俄裔美国宇宙学家乔治·伽莫夫（George Gamow）是宇宙起源大爆炸理论最早的倡导者之一，他也创作了一些精彩的科普作品，其中包括《从一到无穷大》（*One Two Three...Infinity*，1947年出版）。这本书至今仍是我的最爱之一，让人爱不释手。1956年，伽莫夫为康威尔航空公司提供咨询服务，数学家马文·斯特恩（Marvin

Stern）也在这家公司任职，但两个人的办公室不在同一楼层。他们发现，每次去对方的办公室时，电梯几乎都在朝着相反的方向运行。这显然是一个难以解决的问题。在讨论其背后的数学原理的过程中，他们建立了深厚的友谊，并最终决定合作撰写《趣味数学问题》（*Puzzle-Math*）一书。下面三个"脸上污垢"问题就来自这本书。

脸上有烟灰的是你

　　火车上有三名乘客，各自忙着手头的事情。这时候，从一旁经过的火车头冒出的烟突然从窗户吹了进来，三个人的脸上都蒙上了一层烟灰。正在埋头看书的乘客——阿特金森小姐，抬头看了看，然后"咯咯"地笑了起来。这时，她发现另外两名乘客也在笑。阿特金森小姐与同车厢的另外两名乘客一样，都以为自己的脸是干净的。此外，阿特金森小姐还以为，那两名乘客之所以会笑，是因为他们看到对方的脸很脏。但阿特金森很快就明白过来，她拿出手帕擦了擦自己的脸。

　　假设这三名乘客的行为都合乎逻辑，而阿特金森小姐的逻辑推理能力更强。请问，她是怎么知道自己的脸也脏了的？

《趣味数学问题》并不像伽莫夫的其他书那样令人难忘，但这本书中仍然包括一道设计得非常巧妙的逻辑问题。伽莫夫认为这道题是伟大的苏联天体物理学家维克多·阿姆巴楚米扬（Victor Ambartsumian）的作品。我对这道题重新进行了表述，并略做改动，主要是其中人物的性别。这道题难度很大，但如果你采用前两个问题中的逻辑推理方法，就应该可以解决。即使解决不了，你也可以看看书后的答案，并发出惊叹声。

⑱

40 名不忠的丈夫

某个小镇有 40 名欺骗妻子的丈夫。所有女人都知道，除了自己的丈夫之外，其他男人都不忠。换句话说，每个妻子都认为自己的丈夫是忠诚的，而其他 39 个男人都有问题。小镇道德堕落的名声传到了都城，国王听说后颁布了一道法令，惩罚行为不检的丈夫。这道法令规定，如果妻子发现丈夫不忠，她必须于当天中午在市镇广场杀死自己的丈夫。

国王接着说道："我知道至少有一名丈夫对妻子不忠，我要求你们必须采取行动。"

接下来会发生什么呢？

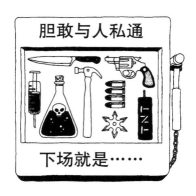

乍一看，这道题似乎根本无解，因为妻子们已经知道有39个男人不忠。国王说"至少有一名丈夫"在欺骗自己的妻子，这条信息有什么意义呢？事实上，这条信息有非常重要的意义！

下面这道题与上一题类似。题中三个人需要进行推理，依据就是他自己和大家共同掌握的信息。

一盒帽子

　　阿尔杰农、巴尔塔扎和卡拉塔克斯共有一个盒子，里面装有三顶红帽子和两顶绿帽子。他们都闭上眼睛，各自从盒子里拿出一顶帽子，并戴在头上。然后，他们盖上盒盖，再睁开眼睛。他们每个人都能看到另外两个人戴了什么颜色的帽子，但是不知道自己的帽子以及盒子里剩下的帽子是什么颜色。

　　阿尔杰农说："我不知道我的帽子是什么颜色。"

　　巴尔塔扎说："我不知道我的帽子是什么颜色。"

　　卡拉塔克斯看到另外两个人都戴着红帽子后说："我知道我戴的帽子是什么颜色！"

　　请问，卡拉塔克斯戴的帽子是什么颜色？

　　帽子问题至少可以追溯至中国古代，但当时的文字表述与现在不同，而且讨论对象是中国官员官帽上镶嵌的冠玉。更重要的是，官员不知道自己头顶上戴着什么样的冠玉时也不会大声说出来，我们必须从他们是否保持沉默来推断他们知不知道。

　　直到20世纪60年代，这类问题才开始有上述戏剧性的对话，问题中的每个人即使在不知道时也会大声说出来，为人们成功解题创造了有利条件。妙趣横生的对话让人更清楚谁知道什么，还会产生一种童话剧的效果。

下面这道趣味问题出现在英国数学家约翰·恩瑟·李特尔伍德（J. E. Littlewood）于1953年出版的《李特尔伍德杂录》（*A Mathematician's Miscellany*）中。李特尔伍德是20世纪上半叶英国最伟大的三位数学家之一，还有一位是哈代（G. H. Hardy）。人们经常开玩笑，用"哈代–李特尔伍德"这个称谓来表示他们之间成果丰硕、历时长久的合作。第一次世界大战期间，李特尔伍德为军方改进了导弹轨迹方向、时间和射程的计算公式。这项成果的军事价值巨大，因此他得到了一些特殊奖励，例如，着制服打伞的特权。

我们接着讨论这道题。我们对李特尔伍德的原题进行了改写，变成了现在这种符合社交礼仪的对话式幽默剧的形式。这道题很有挑战性，所以我们必须头脑清醒，厘清随着共有知识不断增加而纷纷涌现的各种可能。一旦我们按部就班，排除所有不可能的情况，最终找到答案，就能感受到无与伦比的乐趣。逻辑类趣味问题要求人们思路清晰，在让人感到兴奋的同时也让人无比痛苦，而这些痛苦恰恰是乐趣的一个组成部分。

连续数字

西庞太偷偷把两个数字写到一张纸上。他告诉赞茜和伊维特这两个数字都是整数（也就是说，是像 1、2、3、4、5 这样的数字），而且是连续数字（也就是说，是两个挨着的数字，比如 1 和 2，2 和 3，3 和 4 等）。然后，西庞太把其中一个数字轻声告诉了赞茜，把另一个数字告诉了伊维特。

随后发生了下面这段对话：

赞茜："我不知道你的数字。"

伊维特："我也不知道你的数字。"

赞茜："现在我知道你的数字了！"

伊维特："现在我也知道你的数字了！"

请问，西庞太写在纸上的两个数字，你能推断出其中至少一个吗？

西庞太在把数字告知赞茜时，也可以不采用耳语的方式，而是画到伊维特的脸上，或者把数字写在伊维特的帽子上。在把数字告知伊维特时，他也可以不采用耳语的方式，而是把数字画在赞茜的脸上，或者写在赞茜的帽子上。对于这些趣味问题来说，最重要的是让赞茜知道某些伊维特不知道的事情，让伊维特知道某些赞茜不知道的事情。

下一个问题采用了同样的结构。2015 年，我在一个新加坡的网站上发现了这个问题，然后把它放到了我在《卫报》的博客上。这道题之所以引起了我的注意，是因为出题人称该题针对的是小学生，这进一步加深了我对亚洲数学教育令人难以置信的高标准的印象。如果新加坡小学里的孩子都能解决这样的问题，那么新加坡的年轻人成为全世界最杰出的数学高手也就不足为奇了。

谢莉尔的生日

阿尔伯特和伯纳德刚刚成为谢莉尔的朋友，他们想知道她的生日是哪一天。于是，谢莉尔给他们列出了 10 个可能的日期。

5 月 15 日　5 月 16 日　5 月 19 日

6 月 17 日　6 月 18 日

7 月 14 日　7 月 16 日

8 月 14 日　8 月 15 日　8 月 17 日

　　谢莉尔随后把她的生日所在的月份告诉了阿尔伯特，而把具体的日期告诉了伯纳德。

　　随后，他们有了下面这番对话。

　　阿尔伯特说："我不知道谢莉尔的生日是哪一天，但我知道伯纳德也不知道。"

　　伯纳德说："起初我不知道谢莉尔的生日是哪一天，但我现在知道了。"

　　阿尔伯特说："现在我也知道谢莉尔的生日是哪一天了。"

　　请问，谢莉尔的生日是哪一天？

　　在我把"谢莉尔生日"问题发布到博客上之后，这篇博文在几小时内就占据了《卫报》网站浏览排行榜榜首的位置，我在标题中提出的那个有点儿无耻的问题"你连新加坡的10岁孩子都不如吗"可能吸引了不少人。然而，不久之后人们发现，一个地区性数学竞赛采用了这道题。这次竞赛是针对排名前40%的15岁儿童的，一共25个问题，按由易到难的次序排列，这个问题是其中的第24题。因此，只有非常优秀的学生才有可能做对这道题。我修改了标题，以准确反映问题的难度，但这不仅没有降低它的趣味性，反而在互联网上掀起了一股热潮。在接下来的几天里，谢莉尔生日问题成为包括BBC和《纽约时报》在内的众多新闻网站最热门的内容。我发布在《卫报》网站上的文章当周的点击量就超过500万次。在这家报纸年度最受关注内容评选中，我的这篇文章排名第9，公布答案的文章更是排名第6。我真不敢相信，一个数学问题竟然在世界范围内传播得如此之广，感兴趣的人竟然如此之多。

我与这道题目的作者、新加坡数学教育家约瑟夫·杨（杨文伟）取得了联系。他也在脸谱网上发现这道趣味问题正在像病毒一样迅速扩散，他还看到了那份试卷的照片。他不由得惊呼："这份试卷看起来很眼熟啊！等一等，这就是我出的那份试卷啊！"在新加坡国立教育学院任职的杨博士是数学教科书领域最重要的一名作者，新加坡超过一半的中学生都在使用他编写的教材。他告诉我，谢莉尔生日问题并不是他想出来的，作者另有其人。他是在网上看到一个类似的版本，于是决定稍加修改，为角色重新命名，并精简了对话。此外，他还修改了题目中的生日日期，把自己的生日变成了答案。我们俩都没有找到这道题的原作者，在追溯到德雷塞尔大学"请教数学博士"网页上2006年的一篇文章之后，所有线索就都断了。那篇文章的作者署名是"艾迪"，他发表那篇文章的目的就是请大家帮忙解答那道题。

谢莉尔生日问题告诉我们，要想创作出一道精妙的智力问题，通常需要一群人的通力合作。就像笑话和寓言一样，趣味问题也会不断演变。每次重新表述都会被赋予新的变化，最好的表述可以沿用几十年、几百年，甚至几千年。

然而，谢莉尔生日系列问题的确是约瑟夫·杨的杰作。

丹尼丝的生日

阿尔伯特、伯纳德和谢莉尔成了丹尼丝的朋友，他们想知道丹尼丝的生日。于是，丹尼丝列出了 20 个可能的日期。

2001 年 2 月 17 日　2001 年 3 月 13 日

2001 年 4 月 13 日　2001 年 5 月 15 日

2001 年 6 月 17 日　2002 年 3 月 16 日

2002 年 4 月 15 日　2002 年 5 月 14 日

2002 年 6 月 12 日　2002 年 8 月 16 日

2003 年 1 月 13 日　2003 年 2 月 16 日

2003 年 3 月 14 日　2003 年 4 月 11 日

2003 年 7 月 16 日　2004 年 1 月 19 日

2004 年 2 月 18 日　2004 年 5 月 19 日

2004 年 7 月 14 日　2004 年 8 月 18 日

然后，丹尼丝把她生日的月份、日期和年份分别告诉了阿尔伯特、伯纳德和谢莉尔。

随后，他们有了下面这番对话。

阿尔伯特说："我不知道丹尼丝的生日是哪一天，但我知道伯纳德也不知道。"

伯纳德说："我仍然不知道丹尼丝的生日是哪一天，但我知道谢莉尔也仍然不知道。"

谢莉尔说："我仍然不知道丹尼丝的生日是哪一天，但我知道阿尔伯特也仍然不知道。"

阿尔伯特说："现在我知道丹尼丝的生日是哪一天了。"

伯纳德说："现在我也知道了。"

谢莉尔说："现在我也知道了。"

请问，丹尼丝的生日到底是哪一天？

在关于谢莉尔生日的系列问题中还出现过另外一个重要的问题——荷兰数学家汉斯·弗兰登塔尔（Hans Freudenthal）于1969年提出的"不可能问题"。这种首次使用"我本来不知道，但是现在我知道了"的问题的确名副其实，不借助纸笔几乎无法解决，所以我没有把它收入本书中。（但是，如果你觉得自己足够勇敢，不妨上网找找看吧。）不可能问题还属于趣味问题中另外一种至少可以追溯到20世纪上半叶的传统风格问题。这类问题通常会告诉我们一组数字彼此相加的和以及彼此相乘的积，然后要求我们推断出这些数字。问题表述通常采用年龄这种形式，而且常常与牧师有关。

孩子们的年龄

牧师问教堂的司事："你的三个孩子多大了？"

司事回答说："他们的年龄之和是我家的门牌号，积是36。"

牧师走开了，但是过了一会儿他又回来了，跟司事说他不会解答这道题。

司事告诉牧师："你儿子的年龄比我的三个孩子都要大。"然后，他又补充说，牧师现在可以解开这个问题了。

请说出这三个孩子的年龄。

做完上面这道题，我们接着看下面一道题，即本章的倒数第二题。这道题的作者是英国数学家、普林斯顿大学荣誉退休教授约翰·霍顿·康威（John Horton Conway）。我上一次见到康威是在一次有关数学、趣味问题和魔术的会议上。他告诉台下的300名听众，他属于那种需要人们的致礼才会有动力的人，因此他建议每个人都用手指着自己，同时用尽可能小的声音说出"书呆子"这个词。就这样，他让房间里的所有人一起行了一个书呆子式的礼。这种活泼快乐的行事风格对康威产生了深远的影响：在他的整个学术生涯中，康威设计了大量的游戏和趣味问题。史蒂芬·霍金等科学家利用事物演变模型，展示了简单规则导致复杂行为的原理，康威在他最著名的生命游戏问题中也采用了类似的方法。

下面这个问题是康威的代表作之一。这道题既是对常识类趣味问题的一次模仿，又是同类问题的一个典型代表。同阿尔昆趣味问题之后的所有优秀问题一样，这道题也讲述了一个有趣的故事，但乍一看似乎信息太少，根本无法解答。

公共汽车上的奇才

昨天晚上，我坐在公共汽车上，无意中听到坐在我前面的两个奇才之间的对话：

A："我的几个孩子的年龄都是正整数，年龄之和正好是这条公共汽车线路的编号，乘积正好等于我的年龄。"

B："这可太有意思了！如果你把你的年龄告诉我，再告诉我你有几个孩子，也许我就能算出他们的年龄了。"

A："不行。"

B："啊！我终于知道你的年龄了！"

请问，我乘坐的是几路公共汽车？

A说"不行"时，他既没有生气，也没有任何轻蔑的意思。他的意思是，即使他说出自己的年龄和孩子的个数，B得到的信息也不足以帮助他推断出各个孩子的年龄。

为了方便你找到正确答案，我可以告诉你A有不止一个孩子，而且在他的孩子中，年龄是1岁的孩子不超过1个。此外，符合本题条件的公共汽车线路编号具有唯一性。

开动脑筋吧！

最后，我们看一道包含图形的题目，为下一章讨论几何类型的趣味问题做一些准备工作。如果我告诉大家，大多数人做这道题时都会得出错误的答案，会不会对你有所帮助呢？

元音字母游戏

下面4张牌的正反两面分别印有一个字母和一个数字。

卷心菜、花心丈夫和斑马

想要验证下面这句话的对错，需要翻看哪几张牌？

如果卡片的一面印有元音字母，那么它的另一面印的一定是奇数。

你是文字游戏的高手吗?

（1）请在下面这组字母的开始或结尾添加一个字母，使之变成
　　一个英语单词。注意：不能改变所给字母的顺序。

　　　LYLY

（2）打字机键盘上方第一行的 10 个字母键是：

　　　QWERTYUIOP

　　你可以写出一个仅由这 10 个字母组成的单词吗？

（3）添加三个新字母，将下面这个不完整的单词补充完整。
　　不得改变所给字母的先后次序，也不得在中间插入其他
　　字母。

　　　ONIG

（4）贾斯柏·贾森（Jasper Jason）在当地电台工作。下面是
　　他的名片：

Jasper Jason
DJ
FM/AM

你能发现其中的规律吗?

（5）补全下面这个单词。所给字母必须按给定次序出现在单词
之中，且中间不得插入其他字母。这一次我不告诉你需要
添加几个字母。

RAOR

（6）趣味问题学者戴维·辛马斯特（David Singmaster）在监
考时发现了下面这个结构。出现这么多的"T"，并不是因
为笔记本电脑上的"T"键一直被按着。

SENTTTTTTTTTTTTTTTTTTTTTTT

那么，下一个字母是什么?

（7）补全下面这个单词。所给字母必须按给定次序出现在单词
之中，且中间不得插入其他字母。

HQ

（8）下列单词的共同点是什么？

      Assess

      Banana

      Dresser

      Grammar

      Potato

      Revive

      Uneven

      Voodoo

（9）补全下面的单词。所给字母必须按给定次序出现在单词之中，且中间不得插入其他字母。

      TANTAN

（10）要补全下面这个字母串，应该在最后添加哪个字母？

      O U E H R A

绕着原子行走的人

错乱的几何问题

  第一个通过手中的笔向世人展示逻辑推理乐趣的人是欧几里得（Euclid）。公元前300年左右，这位古希腊数学家完成了《几何原本》（*Elements*）的创作。

  从表面看，《几何原本》是一本几何学著作。也就是说，它研究的无非是点、线、平面和立体图形。但是，它对人类思想史的真正意义在于，它把欧几里得研究这些概念时使用的方法介绍给我们。在这本书的开头，欧几里得先给出了一些定义和5条基本规则，并且告诉我们，这5条规则被公认是正确的。然后，他以这些规则为前提，推导出全书的余下所有内容，而且所有步骤环环相扣，严谨无误。这个方法威力巨大，可以搭建起一个庞大的知识体系。只要预先给出的规则是正确的，就可以保证所有推理结果也是正确的。《几何原本》是之后所有数学研究争相仿效的模板。

实际上，欧几里得一开始只有一把画直线的尺和一个画圆的圆规。但是，他凭借这两个简单的工具，却完成了全书所有定理（多达数百条）的证明。

举个例子。利用尺规作图，将给定的线段两等分：

步骤1：将圆规的一只脚置于线段的一个端点处，把装铅笔的脚置于另一个端点处，画一个圆；

步骤2：将圆规的两只脚的位置对调，再画一个圆；

步骤3：用直尺连接两圆的交点，连线将会平分给定的线段。

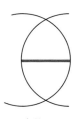

步骤1　　　　　　步骤2　　　　　　步骤3

事实上，《几何原本》中的所有定理都是以问题的形式出现的，证明则是以求解的形式给出的。事实上，它就是一本趣题集，只不过没有明说罢了。我特别喜欢下面这道题，因为它让我们看到欧几里得的工具并不只有一把直尺和一个圆规，相反，它让这位把极简概念发挥到极致的大师露出了马脚。

孤零零的直尺

给你一支铅笔和一把直尺，但没有圆规。如下图所示，直尺有两个刻度。你能用这把直尺，画一条长度正好等于这两个刻度之间距离一半的线段吗？换句话说，如果这两个刻度相距两个单位，你能画出一条长度为 1 个单位的线段吗？

测量长度时只能用直尺，不可以使用铅笔或纸。

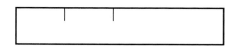

我为本章选择的问题都是几何问题，也就是说，你可以通过研究线条、形状和实物的属性，感受到解题的乐趣。下一个问题源于18世纪版的《几何原本》。接替艾萨克·牛顿担任剑桥大学

卢卡斯数学教授的威廉·惠斯顿（William Whiston）为这一版本
添加了注释，他在注释中提到的一个古怪的数学问题，后来成为
广为人知的趣味问题。

惠斯顿的问题是：如果一个人绕地球走一圈，那么他的头比
他的脚多运动了多少距离呢？你能算出这个距离吗？在这里，我
们假设地球是一个完美的球体。

我来帮大家计算一下，但我们必须具备一些初等数学知识：
圆的周长公式。圆的周长等于π乘以半径的2倍，通常简写为
$2\pi r$，其中π约等于3.14。我希望这个公式的引入不会影响你看到
最后答案时的惊喜心情。接下来，请耐心地看我解答这道题。

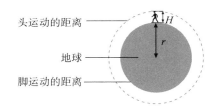

头运动的距离 ————

地球 ————

脚运动的距离 ————

上图中，r是地球半径，H是这个人的身高。根据圆周长公
式可知，地球的周长（即人双脚运动的距离）是$2\pi r$，虚线圆的
半径是地球的半径加上人的身高，因此虚线圆的周长（即头的运
动距离）是$2\pi(r + H)$。两个圆周长之差，就是头比脚多运动的
距离：

$$2\pi(r + H) - 2\pi r = 2\pi r + 2\pi H - 2\pi r = 2\pi H$$

消去包含$2\pi r$的项（记住这个操作！），就会发现答案是$2\pi H$，即$2 \times 3.14 \times$人的身高。

也就是说，如果人的身高是1.8米，那么头比脚多运动的距离大约是11米。

惠斯顿当时特别指出这个答案很有意思，现在大家明白其中的道理了吧？原因在于，这个距离太小了！地球的周长大约是40 000千米，绕地球行走了数万千米之后，这个人的头仅比他的脚多运动了大约11米，相当于整个旅程的0.000 03%。实在令人难以想象！

下面这道经典问题也源于惠斯顿的环球旅行问题。

绕地球一圈的绳子

一根绳子紧紧地缠绕在地球的圆周上。把绳子加长1米，然后把它从地面提起，使它再次变成一个绷紧的圆圈，且绳子上的每一点相对于地面的高度都相同。

请问绳子现在的高度是多少？多大的动物可以从绳子下面爬过去？

从下图可以看出，这个问题和上一个问题在本质上是一样的。两道题都需要将两个同心圆进行比较，其中较小的那个圆是地球的圆周。在本题中，大圆的周长比小圆长 1 米。

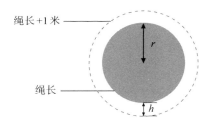

换成绳子之后，问题的答案与我们的直觉之间的反差就更明显了。绳子加长 1 米后，可以抬离地面的高度是 $\frac{1}{2\pi}$ 米，约等于 16 厘米。（解题过程如下：设地球的圆周长是 c，则加长的绳子的长度为 $c + 1$。利用周长公式可以得出两个方程：$2\pi r = c$ 和 $2\pi(r + h) = c + 1$。两者结合就会得到 $2\pi h = 1$，因此 $h = \frac{1}{2\pi}$。）

想想看，这个结果意味着什么？我们有一根 40 000 000 米长的绳子，然后把它加长到 40 000 001 米。加长的幅度显然非常小，但要让这根绕地球一周的绳子再次绷紧，就必须让它与地面保持大约 16 厘米的距离。哪些动物可以从绳子下方爬过去呢？显然，猫或者体型较小的狗可以毫不费力地爬过去。

现在，我们回过头接着考虑绕地球行走的问题。当计算人的头比脚多运动的距离时，我们消去了两个含有$2\pi r$的项，最后得出答案：$2\pi\times$人的身高。此时，我们有一个重要发现：地球的半径r并没有出现在答案中；人的头多运动的距离只与身高有关，而与地球的大小无关。换句话说，地球的大小对答案没有任何影响。无论惠斯顿的漫步者绕着多大的球体行走，他的头多运动的距离都一定是11米。

（1）一个人绕原子走一圈，他的头比脚多运动多少距离？

（2）一个人绕足球走一圈，他的头比脚多运动多少距离？

（3）一个人绕木星（周长约为40万千米）走一圈，他的头比脚多运动多少距离？

（4）一个人绕太阳（周长约为440万千米）走一圈，他的头比脚多运动多少距离？

答案全都是11米（当然，不考虑实际情况中的困难）。同样，如果把环绕原子、足球、木星或太阳的绳子加长1米，要让加长后的绳子重新绷紧，绳子都需要整体抬高16厘米。这太令人吃惊了！

威廉·惠斯顿在剑桥大学只做了8年的卢卡斯数学教授，就因为信仰异教而遭到驱逐。从此以后，惠斯顿再也没有回到学术界，而是在伦敦的咖啡馆里讲授数学和科学。

惠斯顿对科学的最大贡献是，他在说服英国政府成立经度委员会（Board of Longitude）的过程中发挥了关键作用。经度委员会曾发布一道悬赏令，希望找到海上船只经度的计算方法。尽管惠斯顿希望赢得这笔钱，但他多次尝试也没有解决这个问题。因此，如果说惠斯顿对数学的最大贡献就是他设计了一道环绕地球航行的趣题，也是非常恰当的。

相较用绳子绕地球一周的问题，我更喜欢惠斯顿提出的人绕着地球行走的问题。这两个问题显然都非常荒谬，但前者的设计痕迹更加明显。如果真有一根绳子环绕着地球，而且你把它加长了1米，那么你肯定希望捏住绳子上的某一点，看看这一点可以被提至多高，而不是了解绳子整体可以提至多高。如果你的目的是让动物从绳子下面爬过去，就更应该如此了！

于是，我们有了下面这个新问题：

　　给你一根绕地球一圈的绳子。现在把它加长1米，你捏住绳子上的某一点把这根松弛的绳子提起，使它再次紧绷。请问，绳子可以提至多高？哪些动物可以从绳子下面爬过去？

不要费劲儿做这道题了，因为只有具备一定的数学水平，才有可能找到答案。我把这道题放在这里，是因为它的答案很有意思。先猜一猜，再看书后的答案。不过，最好先做下面这道题再看答案。

提示：我们需要用到勾股定理。该定理告诉我们，直角三角形斜边的平方等于其他两边的平方和。（斜边就是直角所对的那条边。）大家肯定知道这条定理，对吧？

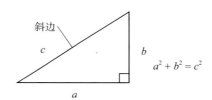

$$a^2 + b^2 = c^2$$

街头聚会的彩带

你所在的街道将举行聚会。街道全长 100 米，装饰用的彩带长 101 米。你把彩带的一头系在街道一端的灯柱底部，另一头系在街道另一端相距 100 米的另一根灯柱底部，然后把彩带的中点系在街道中间灯柱的中点处。

假设彩带拉得很紧，但是没有被拉长。请问，灯柱的高度是多少？

接下来的三个问题与滚动的圆有关。如果你以前从未想过圆的滚动有什么特点，那么这几个问题可能会让你摸不着头脑。但我保证，不论你是通过什么方式找到正确答案的，你都会忍不住发出惊叹声。做完这三道题，当遇到后文中与日本有关的那几个问题时，就不会觉得难了。

《几何原本》确立了欧几里得逻辑大师的地位，但是，这位以头脑冷静、推理严谨著称的"大祭司"遭遇了夏洛克·福尔摩斯（Sherlock Holmes）的挑战，后者不仅分享了他头顶上的光环，甚至还有进一步超越他的趋势。

这位虚构的侦探追求的是欧几里得式的严谨："我都和你说过多少次了：把所有绝不可能的事情都排除之后，剩下的事情即使再不可思议，那也是真相！"不过，他的严谨在数学面前似乎也不值一提了。

在一个早期的福尔摩斯系列故事《修道院公学》（*The Adventure of the Priory School*）中，福尔摩斯仅凭借自行车留下的两列车轮印，就推断出那辆自行车的前进方向。他向华生解释了他的推理过程："自行车的重量都落在后轮上，所以后轮留下的车轮印当然会更深。你看，有几个地方，深的车轮印从浅的上面碾过，完全盖过了浅的车轮印。毫无疑问，这辆自行车正在离开修道院。"

我不是很明白他的推理。但是，不管骑自行车的人往哪个方向走，后轮都会盖过前轮留下的印痕，不是吗？

其实，利用车轮印痕的确有可能推断出自行车的前进方向，但福尔摩斯的作者阿瑟·柯南·道尔爵士（Sir Arthur Conan Doyle）错过了一个自我表现的机会。

骑上你的自行车，夏洛克！

下图是骑车人留下的车轮印，请问他的行进方向是从左向右还是从右向左？

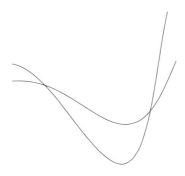

福尔摩斯说的没错，你先要分出哪条车轮印是前轮留下来的，哪条是后轮留下来的。但是，你无须知道车轮印的深浅，就可以完成这项工作。

下面这道题也跟自行车有关。也许你可以根据直觉说出答案。下题的两幅图中，一幅看上去很正常，另一幅似乎有点儿不对劲儿。你知道是怎么回事吗？

模糊数学

　　一位摄影师正在拍摄运动中的自行车。自行车沿着水平道路行驶，但我们不知道它的方向是从左向右，还是从右向左。不过，方向并不重要。自行车的车轮呈圆盘状，上面有两个五边形标志。

请问，下面两个图形中，哪一个是摄影师拍摄的照片？

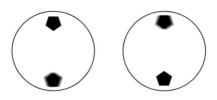

上面这道题告诉我们，圆在滚动时表现出来的特点比表面看起来更加微妙。

下面这道题选自美国SAT（学术能力评估测试）中的一般能力测试。1982年，全美有30万人参加了该项测试，只有3人做对了这道题。你也来试试看吧。

绕着圆转圈

圆A的半径是圆B的半径的 $\frac{1}{3}$。圆A沿圆B的圆周滚动，再次回到出发点时，圆A一共滚了多少圈？

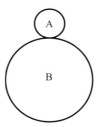

(a) $\dfrac{3}{2}$

(b) 3

(c) 6

(d) $\dfrac{9}{2}$

(e) 9

接下来，我给大家准备了不同风味的大餐。

8 张白纸

桌子上放着 8 张同样大小的正方形白纸，纸张的边缘构成如下图案。其中，完全露在外面的白纸只有 1 张，被标上了数字 1。

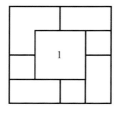

找出第二层白纸并标上 2，找出第三层纸并标上 3，以此类推，你能给所有白纸都标上序号吗？

我在藤村幸三郎（Kobon Fujimura）的杰作《东京趣题集》(*The Tokyo Puzzles*) 中第一次看到这类白纸问题。20 世纪30—70 年代，藤村是日本趣题之王。他出版了很多书，其中一些非常畅销。20 世纪 50 年代，他还在电视上推出了每周一次的趣味问题节目。藤村深受欢迎这个现象，预示着现代日本趣题将蓬勃发展。21 世纪初，数独游戏在国际上风靡一时。本章将深入介绍这类问题。

与西方人相比，日本人更喜欢从数字中寻找乐趣，至少我两次去日本都有这种感受。学生们背诵乘法表时仿佛在唱轻松愉快的儿歌。把地铁票上的号码当游戏玩是日本人常用的消磨时间的手段。心算在这个国家变成了一项观赏性活动。学习珠算仍然是非常流行的课外活动，优秀的珠算手还可以参加巡回赛。2012年，我参加了日本全国珠算锦标赛。在两秒不到的时间内，参赛选手的眼前会闪现15个数，然后他们利用脑中想象的算盘，把这些数加起来。整个比赛既紧张刺激，又高潮迭起！

下面这道题是我非常喜爱的一道藤村趣题。

一分为二的正方形

下图的大正方形由 16 个小正方形构成，图中展示了将大正方形分割成两个相同图形的两种方法。

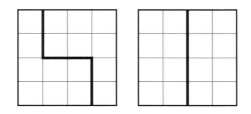

还有 4 种方法可以均分大正方形。你知道怎么分吗？

补充说明：只能沿着内部的线条分割，而且分割出来的两个形状必须完全相同。也就是说，如果这些方块是薄纸板，你可以把它们叠放到一起，然后通过调整位置，使它们对齐。如果你需要把其中一张颠倒过来（也就是说，把纸板从桌子上拿起来，翻动使之上下颠倒），才能使两张纸板对齐，那么这两个图形就不算完全相同。

接下来的这道题是本书最后一道藤村趣题。这道题含有曲线，可能需要用到圆的面积公式：圆的面积等于 π 乘以半径的平方，即 πr^2。

翅膀与透镜

下图是一个 1/4 个圆，其中包含两个小的半圆。请证明翅膀状的 A 部分与透镜状的 B 部分面积相等。

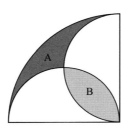

我非常喜欢这道题，不仅是因为这个图形很有美感，还因为它让我想起了日本的一个传统。17—19 世纪，日本人习惯在神

龛和庙宇外悬挂装饰用的木板，上面有各种各样的几何问题。这些数学图形叫作数字牌，它们不仅是宗教祭品，也是日本人公布最新发现的一种形式。他们把数学变成了公共活动，寻求视觉娱乐，满足猎奇的欲望。我在京都的一座寺庙里亲眼见过一个数字牌木板。木板上有用白色和红色颜料涂成的各种各样的图形，包括圆、三角形、球体等，非常漂亮。数字牌上的几何图形结构和谐，富有艺术感。西方几何学教科书的图形纯粹是为教学准备的，不具备像数字牌的这种美感。数字牌问题通常只把最终图形绘制在木板上，图形下方有少量铭文。现存的数字牌有数百枚之多。下面这个数字牌问题源于名古屋附近的一座寺庙，据说它是由一个名叫重年田边（Tanabe Shigetoshi）的15岁男孩于1865年提出的。

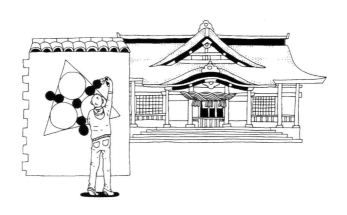

日本数字牌中的圆

下图一共有 5 种大小的圆。由小至大依次是 6 个白色的圆、7 个深灰色的圆、3 个浅灰色的圆、1 个位于三角形内部的虚线圆和 1 个由实线构成的大圆。

请问，虚线圆的半径是白色圆半径的多少倍？

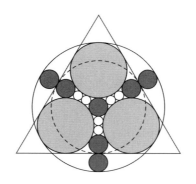

这道题中绚丽的图形让你眼花缭乱，不知道该从哪里入手。但是，一旦你找到方法，知道如何用一个圆的半径表示另一个圆的半径，你就会发现这道题真的太美了。

下面这道题也是由一个日本青少年设计的，而且他的年龄更小。1847 年，东京以北大约 300 英里外的一座寺庙挂出了 13 岁少年佐藤直末（Sato Naosue）的数字牌。这道题比上一道题更复杂，因为你需要知道勾股定理——几乎所有涉及直角三角形的问题都需要应用这条定理。（需要回顾这条定理的读者可以回到前面第27个问题。）

36

日本数字牌中的三角形

下图中有 3 种不同尺寸的圆，包括 2 个黑色的圆、3 个白色的圆和 1 个灰色的圆。请证明灰色圆的半径是黑色圆的半径的两倍。

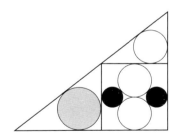

日本有使用榻榻米垫子的传统。这种垫子由稻草编织而成，脱掉鞋踩在上面，有一种柔软舒适的感觉。它们的形状通常为长方形，长是宽的两倍。

踩在榻榻米上

 下面的图形是用榻榻米垫子拼成的。想象你正沿着垫子的边缘从 A 走到 B。如果想走出最长的路径，你可能会在一开始的时候沿着那条最长的直线走，如第二幅图所示，先沿着顶部走，或者如第三幅图所示，先沿着一侧走到底。

 但是，有一种走法比这两种方法的路径更长。你知道怎么走吗？

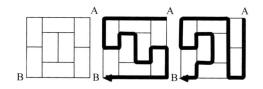

 使用榻榻米垫子时，先要知道垫子的摆放方式有吉利和不吉利的区别。如果是 3 个垫子紧挨在一起，一定要让它们形成"T"形才吉利，上面这道题中的垫子就是这样摆放的。如果是 4 个垫子，让它们的角对齐构成一个"+"形的做法则是不吉利的。4 个垫子相交于一点会不吉利，一些非常有意思的趣味问题也由此产生。

15 个榻榻米垫子

请用 2×1 规格的榻榻米垫子铺满下面这个房间。注意：不得让 4 个垫子相交于一点。

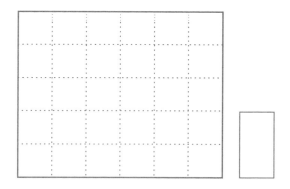

在做这道题和下一道题时，大家可以使用铅笔，以便做错时用橡皮擦掉。

芦原伸之本来是日本的一名化学工程师，但是在一次化学爆炸中受伤后，他就改行从事趣味问题的设计工作了，最终成为世界趣味游戏领域最具影响力的人物之一。他具有（专栏）作家、玩具设计师、收藏家和国际会议组织者等多重身份。芦原于 2004 年去世，但是他极具魅力、慷慨大方、童心未泯的形象，仍然铭刻在全世界热衷趣味游戏的同人们心中。他最成功的作品——"尖峰时刻"玩具是一种在方格中滑动塑料汽车和卡车的逻辑游戏，在世界各地的销量已经超过1 000万件。

本书开头引用的"数字树"问题就是芦原伸之设计的。此外，他还为榻榻米垫子的铺设问题引入了一个新的变化。下图中的房间被一条直线（加粗）横向贯穿，但是下一道题则要求在铺榻榻米垫子时不得出现横贯房间的直线。

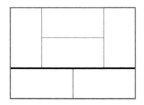

芦原伸之的垫子

请用15个2×1的榻榻米垫子铺满上一题中的房间。注意：不得出现横贯房间的直线，但是允许4个垫子相交于一点。

但是，并非所有房间都是矩形！例如，下道题中的房间被楼梯占去了两个角。

讨厌的楼梯

如下图所示，如果上面两道题中的房间有两个相对的角被切掉，用 14 个垫子就可以铺满整个房间。而且，这样做既不会留下空隙，也不会重叠。（垫子的摆放方式不受任何限制。）现在，我们把房间扩大，变成 6×6 的规格，仍然为楼梯留出两个角。请证明，在不留间隙、不发生重叠的情况下，用 17 个垫子不可能铺满这个新房间。

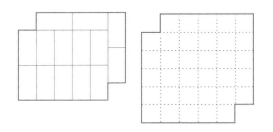

但是，楼梯并不一定总位于房间的角落！在下面这道题中，楼梯占用的两格是随机的。

位置不定的楼梯

　　建筑师决定不把楼梯放在 6×6 房间相对的两个角。如下图所示，如果房间里的方格像国际象棋的棋盘一样分成黑白两色，且一个楼梯在白色方格中，另一个楼梯在黑色方格中，试证明在不留空隙、不重叠的情况下，可以用 17 个榻榻米垫子铺满整个房间。每个垫子可以覆盖相邻两个方格，除不可占用预留给楼梯的方格外，铺设方式不受任何限制。

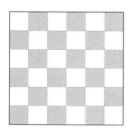

　　解题时，你需要证明无论楼梯在什么位置，均可以用17个垫子铺满房间，而不是只证明楼梯位于某个位置时的可行性。

　　我在《卫报》专栏发布了下面这道题之后，遭到了几位建筑师的嘲笑。他们认为这道题太简单了，因为答案是英国家装设计中的一种常见结构。他们的反应清楚地反映了一个现象：有的问题对于某些人来说难于上青天，但对于另一些人来说却易如反掌。

木板问题

以下是一个三维木质结构的俯视图和前视图，已知该结构的侧面都是平直的，请至少画出一个左视图。

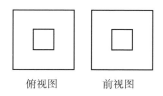

俯视图　　　　前视图

在绘制这些图形时，所有可见边都要用实线标出，而不可见边则必须标记为虚线。因此，下面给出的结构（由两个正方形面板构成，这两个面板有一条公共边，且分别凿有一个正方形的小孔）不符合本题要求，因为它的侧视图、俯视图和前视图都有表示不可见边的虚线（如图所示）。当然，根据题意，答案中的侧视图可以包含不可见边，但是，俯视图和前视图则不得含有不可见边，因为题目给出的俯视图和前视图中都没有虚线。

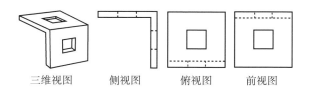

三维视图　　　侧视图　　　俯视图　　　前视图

这里有必要提醒大家，该结构是木制的，所以各部件都不可能太薄。

接下来的两个问题将把我们带到住宅内部。

波罗米昂环（Borromean ring）是一个迷人的数学模型。三个环以一种神奇的方式结合在一起，如果取走其中任何一个环，剩下的两个环就会彼此分离。（如果这些环是由坚硬的材料制成，在相互重叠时就会产生扭力，各个环之间就会形成一个较小的倾斜角，但从下图中我们看不出这个微小的变化。）让我觉得有意思的是，任意两个环都没有彼此相连，但三个环在一起却无法分开。波罗米昂环经常被用来象征相互依存的三方关系，例如，基督教的肖像画就用它来代表三位一体。

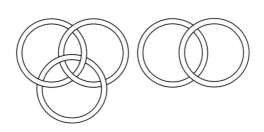

波罗米昂环

波罗米昂环得名于意大利文艺复兴时期的波罗米昂家族，因为他们的外套衣袖上印有三个锁在一起的环，但其实这种将三个物体结合到一起的方式在更早的时间就出现了。现在，作为维京文化的一个象征，由三个锁在一起的三角形构成的"死亡战士之结"（Valknut）经常出现在文身、吊坠和重金属风格的T恤衫上。

"死亡战士之结"

如果取走波罗米昂环中的任何一个环，整个结构就会分崩离析。下面这道题中的结构具有同样的特点。

43

墙上的照片

用两根钉子挂照片的正常方法是把绳子挂在两个钉子上，如下图所示。

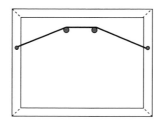

用两颗钉子的好处之一是：如果一颗钉子脱落，照片也不会掉下来，而是会挂在剩下的那颗钉子上。

你能否想到一种方法，当把绳子绕在两颗钉子上时，只要其中一颗钉子脱落，照片就会掉下来。（需要的话，绳子可以任意延长。）

圆环和家居用品让我们自然而然地想到"餐巾环"这个数学概念。在球体上钻一个圆柱形的洞，并使它的中心线经过球心，剩余的部分就是一个餐巾环。下面这道题给出的信息非常少，所以难度很大。

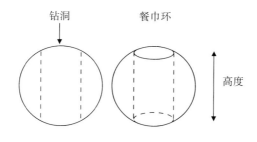

钻洞　　　　　餐巾环　　　　　　高度

值得一看的餐巾环

餐巾环的深度为 6 厘米，它的体积是多少？

这道题需要费点儿力气，但是不用担心，我会带领大家一起做。相信我，这道题值得一做。

餐巾环的体积等于球的体积减去球体中心被挖取部分的体积，而被挖取部分的形状与圆柱体非常接近，但顶部和底部各有一个圆顶。

我在下图中标注了圆柱体的高度——6 厘米。设球体的半径为 r，圆顶的高度是 h，圆柱截面的半径（也就是圆顶底部的半径）是 a。下面是大家需要知道的体积计算公式：

圆顶

圆柱体

h

6厘米

a

圆顶

球体的体积：$\left(\dfrac{4}{3}\right)\pi r^3$

圆柱体的体积：$\pi a^2 \times 6$，即 $6\pi a^2$

单个圆顶的体积：$\left(\dfrac{\pi h}{6}\right)(3a^2+h^2)$

胜利就在眼前了。餐巾环的体积等于球体的体积减去圆柱体的体积，再减去两个圆顶的体积。利用勾股定理，a可以表示成r的形式，h也可以表示成r的形式。所以，餐巾环的体积可以写成仅包含一个变量r的表达式。该表达式很长，里面有大量的r和π……

赶紧动手吧！

历史学家希罗多德（Herodotus）说，几何学源于埃及，因为埃及人需要测量被尼罗河淹没的耕地面积。现在，我们在学习几何学时，先需要学会计算正方形和矩形的面积——相邻两边边长的乘积。

掌握这个简单的计算方法之后，就可以解决日本发明家稻叶直树（Naoki Inaba）提出的"面积难题"（Menseki Meiro）了。

下面举一个例子，帮助大家掌握这类题的解法。请大家找出下图中"？"代表的值。图中线段的长度都不精确，所以不能通过测量得到答案。

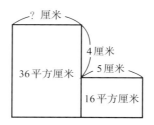

这道题的精妙之处在于，解题时必须使用几何方法，必须使用整数，而不允许使用方程，更不允许使用分数。要解决这道面积难题，可如下图所示，将大矩形补全。A的面积是20平方厘米，因为它的面积等于4厘米×5厘米。也就是说，A与它下方矩形的面积之和是：20平方厘米＋16平方厘米＝36平方厘米。这个面积和左侧大矩形的面积相等。既然高度相同，宽就必然相等，也就是说，"？"代表的值是5厘米。

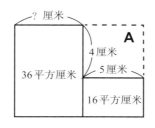

面积难题

求出下图中灰色长方形的面积。

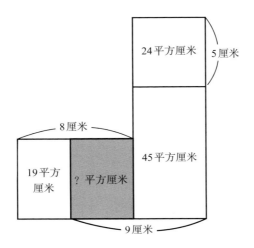

稻叶直树可能是当今世界健在的最多产、最优秀的推理题设计师，但出了国门之后，他的作品就鲜为人知了。事实上，在稻叶等人以及《尼克利》（Nikoli）杂志社的努力下，日本对趣味问题的热衷程度堪称世界之最。

你可能没听说过尼克利这家公司，但你一定听说过数独。20世纪80年代中期，数独第一次出现在《尼克利谜题交流》

（*Puzzle Communication Nikoli*）杂志上。尼克利从美国杂志《戴尔铅笔填字游戏》（*Dell Pencil Puzzles and Word Games*）中引入了这个名为"填数字"的游戏，并将其更名为"数独"。下面，我将对数独做一个简单介绍，以免你近年来孤陋寡闻，不知道数独（以及榻榻米垫子）为何物。所谓数独，就是一个包含若干个给定数字的9×9网格。解题者在填数字时要保证每个数字在每行、每列以及每个3×3小宫格中只出现一次。1986年，尼克利决定借鉴纵横填字谜的方式，使给定数字构成对称图形。至此，数独引起了广泛关注。尼克利的这个调整非常奏效，在日本国内取得了巨大成功。英国演说家韦恩·古尔德（Wayne Gould）在日本度假时发现数独问题之后，用电脑程序制作了一些数独网格，然后供稿给几家报纸，其中包括伦敦的《泰晤士报》（*The Times*）。2004年年底，《泰晤士报》上首次刊登了数独游戏。几个月之内，数独就在多家报纸上占据了一席之地，成为每天必不可少的一个内容。

自尼克利于1980年发行季刊以来，该公司已经发表了大约600种不同类型的趣味问题，但是，令尼克利声名大噪的这些趣味问题却不是它自己的发明。这的确有些讽刺。尼克利的特色产品是像数独这样的网格问题，要求答题人将网格（通常是正方形网格）填充完整。数独问题的魅力之一是对细节的关注，给定的元素通常在网格里构成对称图形，或者是经过精心设计的造型。

规则通常都非常简单，用铅笔慢慢将网格填完整，总能给人一种心满意足的愉悦感，令人欲罢不能。对像我这样的人而言，数独与涂色游戏一样，是一种有益身心健康的活动。为了让大家也爱上这个游戏，我会举4个例子。

尼克利的杂志发行量大约为5万份，读者群不仅包括喜欢答题的人，还包括大量趣味问题的设计人员。这些设计人员每年都会为杂志提供数百条建议。下一道题——"四方形问题"（Shikaku），就源于21岁的大学生安福义直（Yoshinao Anpuku）提供给尼克利的创意。后来，安福加入了尼克利公司，现任该公司编辑室执行主任。

四方形问题

四方形问题要求答题人将方格分割成矩形或正方形的"宫"（box），方格中给出的数字表示该数字所在宫的面积，即宫包含的单元格的数量。

下面，我带大家一起完成这道题。下图中的A是题目给出的初始方格，C是分割后的最终方格，所有矩形和正方形的宫均已被标出。做这类题时，从初始方格中最大的数字入手比较好，因为它所在宫的形状与位置通常会受到诸多限制。本题中最大的数字是9，面积为9的宫只能是9×1的矩形或者3×3的正方形。由于横竖两个方向都没有连续9个空白的单元格，所以它只能是一个正方形的宫，且位置唯一，如B所示。同理，唯一一个包含数字8、面积为8的矩形宫与唯一一个包含数字6、面积为6的矩形宫也只能位于图中所示的位置。这些宫被确定之后，就可以顺利地推理出其他宫的位置了。

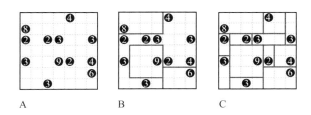

A   B   C

接下来，该你们一试身手了。

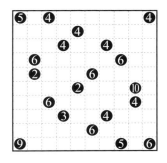

尼克利的创始人锻治真起（Maki Kaji）对赛马尤为痴迷，公司的名称就源自1980年爱普森德比大赛中爱尔兰人训练的那匹夺冠呼声不高的赛马。2008年，我第一次在东京见到锻治。他告诉我，他有两大爱好：第一个是收集橡皮筋，第二个是看到包含乘法口诀的车牌［例如，23 06（2×3＝6），77 49（7×7＝49）］，就会拍照留念。2016年第二次见面时，他说他收集橡皮筋的爱好仍在继续，而且刚刚收集到一些泰国和匈牙利产的珍品。此外，包含1到9的乘法口诀的车牌的拍摄工作也已经完成了大约85%。他说："就快大功告成了，但是我给自己制定了一条规则：我不会有意识地寻找这些乘法口诀。只在不经意间碰到时，我才会拍摄照片。"

数回

数回（Slitherlink）游戏要求答题人用横线或竖线把各个点连接在一起，构成唯一的环路。方格中的数字表示包围该数字的线条数，也就是说，1的周围有1条线，2的周围有两条线，以此类推。如果方格中没有数字，则表示不知道周围有几条线。最后得到的环路不得与自身相交，也不得有岔路。

图A中包含数字0，这表示它们周围没有线条，因此我们显然应该从 0 入手。如图 B 所示，在 0 的周围画上"×"，表示那些地方没有连线。其中一个 × 在 3 的旁边，表示 3 周围的 3 条线只有一种画法，把这 3 条线画好。接下来，我们在图 C 中让环路继续向上延伸。要绕过数字 2，只有一条路可走。注意，我在图 B 中还做了 a、b、c 和 d 这 4 个标记，表示从两个 3 中间的那个点出发，一共可以画 4 条线。环路必须通过这个点，因为一个单元格周围有 3 条线时，所有 4 个顶点都必须用到。环路不能既经过 a 又经过 b，也不能既经过 c 又经过 d，否则就会形成岔路，而岔路是不允许出现的。因此，从两个 3 中间穿过时，环路必须走另外两边。我们在图 C 中把这两条通路画好。整个环路完成之后，就会出现图 D 所示的结果。

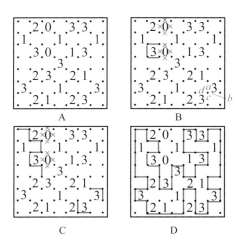

下面是我给大家准备的一道题。记住，只能有一条环路，不得交叉，也不能有岔路。答案只有一个，而且只能根据逻辑推理得出答案。

```
2 1 3 . . . . 3 3
1 . . . 0 2 . . 2
    0 . 2 . 1
    2 1 3 1 3
0 3 . . . . . 1
2 . . . . 2 0
  0 1 1 . 2 0 .
  3 . 3 . 3
2 . 1 1 . . 3
2 2 . . . 1 0 1
```

数回是锻治真起最喜爱的尼克利趣味问题之一，也是我的最爱之一。随着环路慢慢地延伸，逐渐布满整个方格，巨大的满足感会油然而生。

递减高尔夫

尼克利的趣味游戏不断推陈出新，递减高尔夫（Herugolf）就是该公司近来推出的一款新游戏。打高尔夫球时，球越靠近洞口，选手击球的力度就会越小，尼克利从中受到启发，设计出递减高尔夫这款游戏。

在游戏中，你需要不断击打小球（用圆圈表示），使其进入相应的洞（用字母H表示）。圆圈中的数字表示球受到第一次击打后前进的距离（单元格数）。如果没有一杆进洞，即没有到达标有H的单元格，那么第二次击打时球前进的单元格数就会减1。如果第二次击打仍然没有达到H，则第三次击打时前进距离再减1，以此类推。因此，标有3的小球（以下简称3号球）有3种进洞路线：第一，正好前进3格进洞；第二，前进3格，再前进2格进洞；第三，前进3格，再前进2格，之后前进1格进洞。小球只能沿水平或垂直方向前进，每次击打时，可以保持之前的击打方向，也可以改变方向。

小球的前进路线不得相交；必须保证击打后小球最终正好进洞；每个球洞只能进一个球；阴影部分是障碍区，击打时可以穿过障碍区，但不得让小球停留在该区域。

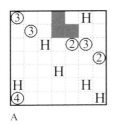
A

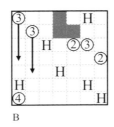
B

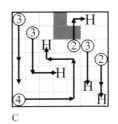
C

在给出的示例中，A 是初始方格。我们先要查看是否可以确定某些小球的第一次击打方向。左上角的 3 号球在第一次击打后必须前进 3 格，但是它不能沿水平方向运动，否则就会停留在障碍区。因此，这个小球只能朝下方运动，如图 B 所示。同理，它斜下方的 3 号球也只能朝下方运动，因为沿水平方向击打就会使它停在障碍区。这两个 3 号球遭到第二次击打后都只能前进 2 格。由于路线不得相交，所以从左上角出发的 3 号球必须继续向下，前进 2 格后正好进洞。另一个 3 号球则必须水平运动，因为再向下 2 格后，第三次击打只能让它前进 1 格，无法进洞。而在水平方向上前进 2 格后，这个 3 号球也正好进洞。图 C 是游戏顺利结束后的最终方格。

下面，该你击球了！

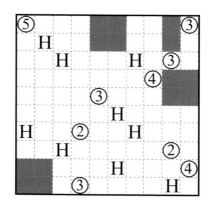

装电灯泡

接下来，我向大家介绍最后一道尼克利问题——装电灯泡（Akari）。这道题的灵感来自现实生活：在房间里装电灯泡。根据题目要求，答题人需要安装电灯泡（用圆圈表示），以照亮整个方格。黑色单元格中的数字表示需要在该单元格上、下、左、右安装的电灯数量。每个灯泡都可以照亮它所在行、列上所有不被遮挡的单元格。周围没有数字的单元格里既可以安装灯泡，也可以不安装。最终，所有白色单元格必须被照亮，但所有灯泡都不得被其他灯泡发出的光照到。

在给出的示例中，图A是一张空白的方格。根据规则，数字表示水平和垂直方向上邻近灯泡的个数，也就是说，在水平与垂直方向上与数字4相邻的所有单元格中都有灯泡。同理，在水平与垂直方向上与数字0相邻的所有单元格中都没有灯泡，因此我在这些单元格中画上了圆点，如图B所示。与4相邻的单元格中有两个同时也与数字2相邻，说明数字2另外两侧就不能有灯泡，因此我在2上方和左方的单元格中也画上圆点。接下来，请参看图C。图中箭头表示上图中4个灯泡可以照亮的行与列。数字3上方的单元格可以被其中一只灯泡照到，因此这里不能安装灯泡，这同时表明数字3的其他三个相邻位置都应该安装灯泡。

根据推理，*a*的位置需要安装一只灯泡，因为要照亮这个单元格，而其他所有安装位置要么被加上了无灯泡标记，要么在其他灯泡的照明范围之内。本题最终答案如图D所示。

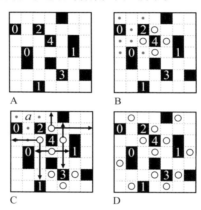

接下来，请大家按照同样的方法，照亮下面这个方格。

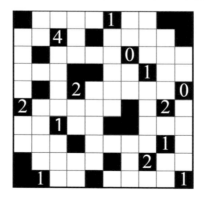

在最后一道几何问题中，我将请大家为奇形怪状的房间安装灯泡。

下图所示是一个房间的水平截面。图中灯泡是房间中唯一的光源。打开电灯，图中用粗线标示的那堵墙就会整体处于阴影之中。（假设墙面不反光。）

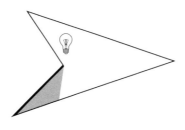

黑暗的房间

请设计一个只安装了一盏电灯且所有墙面均为平面的房间，使电灯打开时，所有墙面整体或部分处于阴影之中。

要求：所有墙面必须彼此相连，不得有独立的墙体，且墙体的边缘不得向外伸出。

你连 12 岁的孩子都不如吗?

游戏规则: 不得使用计算器!

(1) 下面有 5 块拼图板, 用其中 4 块可以拼成一个矩形。请问, 哪一块是多余的?

A.   B.   C.   D.   E.

(2) 把下列分数按照由小到大的次序排列, 排在中间的是哪一个?

A. $\frac{1}{2}$ B. $\frac{2}{3}$ C. $\frac{3}{5}$ D. $\frac{4}{7}$ E. $\frac{5}{9}$

(3)

> This sentence contains the letter e _____ times
>
> (字母 e 在这句话里出现了 ____ 次)

seven (7)   eight (8)   nine (9)   ten (10)

eleven (11)

上面给出的 5 个单词中，有几个单词填入上面的空格，可以使句子成立？

A. 0　**B.** 1　**C.** 2　**D.** 3　**E.** 4

（4）下图是居住在非洲中西部班图人居住区的乔克维人（Tchokwe）画的沙画（Lusona）。整个图案是用一根木棒在沙地里一笔画成的，起点与终点重合，绘画过程中木棒没有离开沙地。请问，起点可能是哪个位置？（在线条相交的地方，线条断开表示这个部分是先画的，没有断开的线条覆盖在断开的线条之上。）

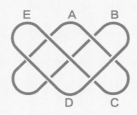

（5）下列哪个算式的得数可以被从 1 至 10（含）的所有整数整除？

A. 23×34　**B.** 34×45　**C.** 45×56　**D.** 56×67

E. 67×78

（6）

> 红桃 K 说："果馅饼是我偷的。"
>
> 梅花 K 说："红桃 K 在说谎。"
>
> 方块 K 说："梅花 K 在说谎。"
>
> 黑桃 K 说："方块 K 在说谎。"

4 个人中有几个人在说谎?

A. 1 **B.** 2 **C.** 3 **D.** 4 **E.** 信息不足，无法判断

（7）给一个立方体上色，有公共边的两个面必须为不同颜色，请问最少需要多少种颜色?

A. 2 **B.** 3 **C.** 4 **D.** 5 **E.** 6

（8）祖母坚信自己越活越年轻，因为根据计算，她的年龄是我的 4 倍，但是 5 年前，她的年龄是我的 5 倍。我和祖母现在的年龄之和是多少?

A. 95 **B.** 100 **C.** 105 **D.** 110 **E.** 115

（9）把下面的□换成 + 或者 −，使最终得数为 100。

123 □ 45 □ 67 □ 89

设+号的个数是p，–号的个数是m，则$p-m$等于多少？

A. -3 **B.** -1 **C.** 0 **D.** 1 **E.** 3

（10）下面的图案是用两种大小的正方形瓷砖拼成的，一种瓷砖的边长是1，另一种的边长是4。现在，在一个非常大的房间里，用这两种瓷砖铺成大量这样的图案，需要使用的绿色瓷砖与白色瓷砖的块数之比与下面哪个答案最接近？

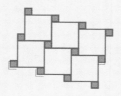

A. 1：1 **B.** 4：3 **C.** 3：2 **D.** 2：1 **E.** 4：1

鸡与数学

现实生活中的趣味问题

本章将讨论我们在现实生活中遭遇的难题，有的问题与锅碗瓢盆、引信、汽车、土豆等常见物品有关，有的问题则与日常生活中的某些情境有关，例如赛跑、乘飞机旅行等。下面这个购物问题在本书介绍的所有趣味问题中属于历史最久远的。

100 只鸡

公鸡的价格是 5 枚硬币，母鸡的价格是 4 枚硬币，小鸡的价格是 1/4 枚硬币。买 100 只鸡，一共用去了 100 枚硬币，请问公鸡、母鸡和小鸡分别有多少只？

这个问题是中国数学家甄鸾在6世纪中叶提出来的，但同一类型的问题（即用100个单位的货币购买3种动物且动物总数正好是100）出现的最早时间还要向前推一个世纪，地点也是在中国。

这个问题设计得非常高明，表述简明扼要，答案却不那么一目了然。如果硬猜答案，很快就会令人头晕目眩。深受中国人喜爱的"100只动物"问题后来传到了印度、中东和欧洲。阿尔昆在《青少年趣味智力问题》中列出了三个版本：公猪、母猪和小猪，价格分别为10个第纳里厄斯、5个第纳里厄斯和1/2个第纳里厄斯；马、牛和羊，价格分别为3个苏勒德斯、1个苏勒德斯和1/24个苏勒德斯；骆驼、驴和羊，价格分别是5个苏勒德斯、1个苏勒德斯和1/20个苏勒德斯。[①]他把第三个版本称作"东方商人问题"，或许是向问题发源地——世界的东方致敬吧。

当今的读者在遇到这类问题时，第一反应是列方程。设买了

---

① 第纳里厄斯（denarius）、苏勒德斯（solidus）均为古罗马帝国发行的货币。——译者注

x 只公鸡、y 只母鸡和 z 只小鸡，于是甄鸾的问题就变成了下面这种形式：

（1）$x + y + z = 100$ （一共 100 只鸡）

（2）$5x + 4y + z/4 = 100$ （一共 100 枚硬币）

只要解方程组，就能得出答案。

但是，甄鸾、阿尔昆和他们那个时代的人是利用试错法找出答案的。他们没有借助代数，因为那时候代数还没有出现呢。

利用方程求解这道题要简单得多，也可以带给我们更多乐趣。事实上，我之所以喜爱"100 只动物"问题，就是因为它们与其他几类问题一起，很早就展示了代数方法的强大功能。"100 只动物"问题不仅突出地展示了这些新的数学方法的解题效率，问题本身也极具趣味性，因此，中世纪以及文艺复兴时期的数学家对这类问题进行了不断深入的研究。

代数是数学的一个分支，它的特点是利用 x、y、z 等符号表示方程中的数及数量。代数这个名称来自阿拉伯语中的 "al-jabr"，意思是还原。9世纪，巴格达学者花拉子密（Al-Khwarizmi）用这个词表示数学的一种操作，即在方程一边去掉某项内容，然后在方程另一边"还原"这项内容。花拉子密借助这种方法及其他方法，研究出了简单方程的解法。随后，出生于9世纪的埃及数学家阿布·卡米勒（Abu Kamil）等人纷纷撰文，详细阐述了花拉子密的这些想法。在其中一篇讨论用100个单位的货币购买100只家禽的文章中，卡米勒说："据我所知，有一种问题受到所有人的喜爱，无论出身高贵还是贫贱，无论学富五车还是不学无术，都会因为它的题型新颖、趣味横生而深受吸引。但是，人们在讨论这些问题时，却因为应用的原理不够明晰，方法不够系统，而无法给出准确的答案，或者仅仅是提出了各种猜测……所以，我决定写一本书，帮助大家更好地理解这类问题。"

接下来，我们来解决前面提出的问题。我们列出了两个方程：

（1）$x + y + z = 100$

（2）$5x + 4y + z / 4 = 100$

通常要解此类方程（课本称之为联立方程），方程的个数不能少于未知数的个数。也就是说，如果有3个未知数，我们就需要3个方程。

而现在我们只有两个方程。不过，题目中还给出了一些其他信息，足可保证本题有解。我们可以断定，出售的家禽数不能是1/2只、1/4只，也不可能是负数。（我们还可以断定，每种家禽都要至少买一只。）也就是说，x、y和z的值都必须是正整数，而且都小于100。

现在，让我们来解方程吧。首先，我们把方程（2）乘以4，去掉分母：

（3）$20x + 16y + z = 400$

利用"还原"法，把方程（3）变形为：

$z = 400 - 20x - 16y$

代入方程（1），得到：

（4）$x + y + 400 - 20x - 16y = 100$

整理后为：

$19x + 15y = 300$

至此，我们得到了一个二元方程。由于有其他限制条件，所以可求得该方程的解。通过简单的试错，就会发现符合条件的正整数值只有一组，即 $x = 15$，$y = 1$。（运用试错法时，请注意300可以被5整除这个特点。由此可知，$19x + 15y$ 可以被5整除。由于 $15y$ 可以被5整除，所以 $19x$ 肯定也可以被5整除，从而说明 x

是5的倍数。因此，x的值只有三种可能，即x = 5、10或15，但是前两个值代入后，方程无解。）因此，z = 100 - x - y = 100 - 16 = 84。

正确答案是：15只公鸡、1只母鸡和84只小鸡。

卡米勒在文中指出，这类问题的解分为唯一解、无解和多个解三种情况，具体情况取决于三种家禽的价格。下面这个问题是他举的另一个例子。

百禽问题

用2枚德拉克马银币可以买1只鸭子，用1枚德拉克马银币可以买2只鸽子或者3只母鸡。如果用100枚德拉克马银币买鸭子、鸽子和母鸡，一共买了100只，则鸭子、鸽子和母鸡分别买了多少只？请给出6种答案。

中世纪的阿拉伯学者除了设计新的数学问题以外，还从印度引入了由包括0在内的10个数字组成的数字系统。大约在13世纪，阿拉伯数字（1、2、3、4、5、6、7、8、9和0）传到了欧洲。

比萨的列奥纳多（Leonardo of Pisa）[①]是最早使用阿拉伯数字的欧洲人之一，他的《计算之书》（*Liber Abaci*）不仅介绍了计算与测量方面的内容，还介绍了一些算术难题。例如，下面这道只有唯一答案的鸟类问题：用30第纳里厄斯银币买了30只鸟，其中鹧鸪的价格是每只3枚银币，鸽子每只2枚银币，麻雀每只1/2枚银币。（我把这道题留给大家自行解决。）

在随后的300年里，几乎所有的文艺复兴时期的一流数学家都提出过鸟类问题，内容主要与画眉鸟、云雀、乌鸦、捕蝇鸟、阉鸡、椋鸟、鹅等飞鸟及家禽的降价销售有关。这些问题不仅具有娱乐价值，也为欧洲南部文化史增添了鸟类学（以及烹饪）方面的内容。

只要学会一道鸟类问题的解法，你就能触类旁通，再遇到其他同类问题时，你都会胸有成竹：把问题变成联立方程的形式，然后求整数解。

还有很多其他类型的问题也需要列出联立方程。通常，方程的个数比未知数少，所以必须巧妙地借助试算法，或者敏锐的数学头脑，才可以找出答案。下面这道题是我的最爱，不仅因为它的已知信息似乎严重不足（包含4个未知数，却只有两个方程），而且题中使用的数字正好是一个品牌名称。

---

① 比萨的列奥纳多即意大利著名数学家斐波那契。——编者注

7-11 便利店

一名顾客走进一家 7-11 便利店，买了 4 件商品。

收银员说："一共 7.11 英镑。"

顾客说："这也太巧了！"

收银员说："是的。我把这 4 件商品的价格相乘，就算出了它们的总价。"

"不应该是相加吗？"

"相加的话，我也没意见，因为结果是一样的。"

这 4 件商品的价格分别是多少？

要解决这个问题，需要了解几个简单的数学事实。首先，我们需要知道素数（也称质数）是指只能被它自身和 1 整除的整数。排在前几位的素数是：

2、3、5、7、11、13、17、19……

其次，我们需要知道最重要的素数基本规则——算术基本定理，即所有整数都可以写成若干素数乘积的唯一形式。例如：

$60 = 2 \times 2 \times 3 \times 5$

$711 = 3 \times 3 \times 79$

$123\,456 = 2 \times 2 \times 2 \times 2 \times 2 \times 2 \times 3 \times 643$

任何整数都可以被分解成若干素数的唯一乘积。你只需要知道这条规则是成立的就可以了，即使不知道这条规则叫什么也没关系。

最后，借助算术基本定理，可以列出一个方程，帮助我们解决上面这道题。

在将较大的数分解成素数的乘积时，我们可能需要使用计算器或者电脑。但即便如此，这仍然是一道非常有意思的问题。

大家知道，19世纪的伟大数学家西莫恩·德尼·泊松（Siméon Denis Poisson）与好莱坞动作片明星布鲁斯·威利斯（Bruce Willis）之间有什么联系吗？答案是他们都成功地解答了下面这道题。事实上，据泊松的传记作者称，正是因为受到这个问题的启发，这位年轻的法国人才从此走上了研究数学的道路。他在书中写道："尽管在这之前他从未学习过类似的内容，尽管他对代数的概念与方法一无所知，但在看到这个闻所未闻的问题之后，他没有任何犹豫，而是亲自动手，找到了正确的解法。从那天起，他的内心就萌生了一种对数学的热爱。他知道他绝不应该放弃，恰恰是这份执着开启了他的辉煌数学之路。"真应该干一杯以示庆祝！

对于布鲁斯·威利斯来说，这个问题同样具有催人奋发的积极意义。在电影《虎胆龙威3》（*Die Hard: With a Vengeance*）中，威利斯和塞缪尔·L. 杰克逊为了拆除定时炸弹，联手破解了这道难题。这道题没有难住威利斯和杰克逊，应该也难不倒你吧？

三个酒坛

你有一个 8 升的酒坛，里面装满了酒。此外，你还有两个 5 升和 3 升的空酒坛。三个酒坛上面都没有刻度。请在其中一个酒坛里不多不少装上 4 升酒。

这道题最早出现在 13 世纪的一部编年史著作中，作者阿尔伯特（Albert）是汉堡市附近施塔德镇的一家修道院的院长。这部中世纪史书以蒂里和菲里两名修士对话的形式，详细描述了朝圣者留下的足迹。伴随着欢声笑语，这两名修士讨论了几道数学趣题。一次，蒂里抛出了这道三个酒坛的问题，同时开玩笑地对菲里说：“如果分不好，就别想喝。”

这道题的解法很有趣，标准做法是将酒在三个酒坛之间倒来倒去。大家在阅读下文之前，可以先自己动手试试，看看会得到什么样的结果。

接下来，我们改用台球在非传统形状的台球桌上来回反弹的方法，解决三个酒坛的问题。

下图是一个偏菱形台球桌，边长分别是5个单位和3个单位，桌面由一个个等边三角形构成。我把三角形的边都画出来了，目的是建立一个坐标系。水平方向上的是 x 轴，倾斜的是 y 轴。

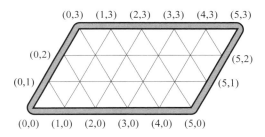

从下图可以看出，把球放在 (5,0) 的位置上，然后沿三角形边线方向撞击台球，台球就会在 (2,3)、(2,0)、(0,2)、(5,2) 和 (4,3) 等位置连续反弹。（假设从数学上讲，台球桌没有摩擦力，台球反弹的实际线路与我们预想的线路完全一致。）

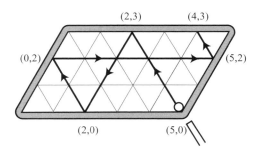

现在，我们假设开球位置是 (0,3)，台球就会依次经过 (3,0)、(3,3)、(5,1)、(0,1)、(1,0)、(1,3)、(4,0) 等位置。

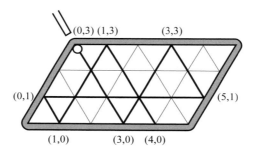

请大家认真观察这些坐标：

第1次开球	第2次开球
(5,0)	(0,3)
(2,3)	(3,0)
(2,0)	(3,3)
(0,2)	(5,1)
(5,2)	(0,1)
(4,3)	(1,0)
	(1,3)
	(4,0)

这些数字看上去是不是有点儿眼熟？我希望你也有这样的感觉！因为它们就是三个酒坛问题的两个答案。

为避免混淆，我们把5升酒坛称为酒坛A，把3升酒坛称为酒坛B。

刚开始时，A与B都是空的。

先把A装满，此时这两个酒坛的状态是A＝5升、B＝0升，记作(5,0)。

现在，把A中的酒倒入B中。B装满后有3升酒，A还剩下2升酒。A、B两个酒坛当前的状态是(2,3)。

将B中的酒全部倒入第三个酒坛。现在，A、B两个酒坛的状态是(2,0)。

将A中剩下的酒倒入B中，A、B两个酒坛的状态为(0,2)。

将A再次装满，A、B两个酒坛的状态为(5,2)。

将A中的酒倒入B，A、B两个酒坛的状态为(4,3)。

A中现在装有4升酒，问题解决了。

A与B中酒的数量变化正好对应从(5,0)处开球后各个反弹点的坐标。

所以，如果我们在解题时先把B装满，A与B中酒的数量就正好对应从(0,3)处开球后各个反弹点的坐标。

这个借助球在台球桌上的反弹路线解决三个酒坛问题的巧妙方法，是英国统计学家特威迪（M. C. K. Tweedie）于1939年发明的，当时他才20岁。球每次在偏菱形球桌上反弹之后都会改变前进的方向，同时会告诉我们下一个解题步骤。

下次再遇到同类问题，比如一个特定容积的容器里装满液体，此外还有两个小一些、容积分别为 X 和 Y 且没有刻度的空容器，那么，你只需制造一个边长分别为 X 和 Y 的偏菱形台球桌，再准备几个台球，就可以解决问题了。威利斯和杰克逊，如果你们也在看这本书，赶紧做好笔记吧。

两个水桶

你站在小河边，手上分别有一个 7 加仑[①]和一个 5 加仑的水桶。如何用最少的装水次数，在桶中装入 6 加仑的水？

在利用几个容器来回装液体这个办法之后，人们还想出了一些其他有趣的问题。

---

① 1 加仑≈3.79 升。——编者注

加奶咖啡问题

瓶中装有纯咖啡，碗中装有牛奶。你在牛奶中倒入一些咖啡，再将混有咖啡的牛奶倒回瓶子里，使瓶子和碗中的液体恢复到之前的量。此时，是碗中的咖啡多，还是瓶中的牛奶多？

上面这道题是为早餐准备的，下面这道题则是为午餐或晚餐准备的。

水和酒

你有两个坛子，分别装有 1 品脱[1] 酒和 1 品脱水。将半品脱水倒进酒中，搅拌。现在，装酒的坛子里有 1.5 品脱的酒水混合物。将半品脱酒水混合物倒进装水的坛子里，使两个坛子各装有 1 品脱的液体，再搅拌。以每次半品脱的量，继续在两个坛子间来回倒酒水混合物。多少次之后，两个坛

---

① 1 品脱≈0.57 升。——编者注

子中酒的比例正好相等？

在两个容器间来回倒的不一定都是液体，有时是沙子。下面这道问题中使用的量度不是体积，而是时间。

精彩一刻钟

给你一个 7 分钟的沙漏和一个 11 分钟的沙漏，如何测量一刻钟的时长。

我来告诉你应该从何处入手解决这道题。我们有两个沙漏，所以一开始的时候必须把它们同时颠倒过来。如果只颠倒其中一个，就只能测量出 7 分钟或者 11 分钟，这样一来，我们又回到了问题的起点。

请大家认真研究题目给出的数字，因为解题离不开这些数字。两个沙漏分别可以测量 7 分钟和 11 分钟，而题目要求测量 15 分钟。7 与 11 的差是 4，11 与 15 的差也正好是 4，因此我们可以采取下面这个方法。

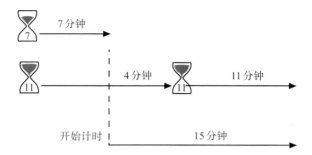

　　先把两个沙漏同时颠倒过来。7分钟之后，那个7分钟沙漏里的沙流完了，而11分钟沙漏里的沙还可以流4分钟，这个时间差正是我们需要的。因此，15分钟的计时可以从这个时候开始。如上图所示，4分钟之后，11分钟沙漏里的沙也流完了。我们迅速将它颠倒过来，等沙子流完后，就正好完成了总共15分钟的计时。

　　但是，这个方法不是最佳答案，因为一共用时22分钟才完成了一刻钟的计时。大家可以找出一个更好的方法。

令人头晕眼花的引信

　　你有一些 1 小时燃尽的引信。但是，这些细长的引信并不均匀，燃烧速度时快时慢。如果你将它剪成两半，每半根引信燃烧的时间不一定是半小时。

（1）利用两根这样的引信，测量出 45 分钟的时长。

（2）利用 1 根引信，尽可能准确地测量出 20 分钟的时长。

这些燃烧不均匀的引信告诉我们一个事实：借助敏锐的数学头脑，我们可以消除燃烧不均匀的影响，完成准确计时。就这样，数学完胜物理，也赢得了我的喜爱。

下面这道题将教会我们如何克服材料的缺陷。

偏倚的硬币

抛掷一枚质地均匀的硬币，得到正面或反面的可能性是各一半。假设你有一枚质地不均匀的硬币，抛掷这枚硬币，你得到正面或反面的可能性是一个确定值，但它不是各一半。那么，如何利用这枚偏倚的硬币，得到与公平硬币同样公正的结果呢？你需要通过某种抛掷组合，才可以得出各一半的公平结果。

硬币是趣味问题经常使用的一个重要道具，我们将在下一章详细讨论硬币的应用。

18世纪之前，弹簧单盘秤还没有出现，天平是人类仅有的称重工具。正因为如此，从文艺复兴开始，人们利用天平设计出大量的数学难题，到启蒙运动时期仍然盛行。

接下来，我给大家演奏一首锅碗瓢盆协奏曲吧。

分面粉

你有一架天平，以及两个质量分别是 10 克和 40 克的砝码。如何通过三次称重，将 1 千克的面粉分成 200 克和 800 克的两份？

假设我们有一套砝码，规格是以下 6 个数字（单位为千克），其中每一个都是前一个的两倍：

1，2，4，8，16，32

利用这些砝码，可以称出 1~36 千克的所有整千克数。例如：

3 = 2 + 1（即 2 千克砝码加 1 千克砝码等于 3 千克砝码）

13 = 8 + 4 + 1

27 = 16 + 8 + 2 + 1

63 = 32 + 16 + 8 + 4 + 2 + 1

事实上，这6种规格的砝码组合，是可以称出1~36千克范围内所有整千克数的最小砝码组合。

只要把这些砝码规格写成二进制表达式，就可以明白其中的道理。二进制是仅包含1和0两个数字的计数系统。二进制使用的数字就是十进制使用的只含有1和0这两个数字的数，比如1、10、11、100、110等。二进制中的1、10、100、1 000、10 000和100 000分别对应十进制中的1、2、4、8、16和32。因此，有了二进制数字，我们就知道如何利用上述两倍递增数列表示各个数字了。

3换算成二进制就是11。

13换算成二进制就是1 101。

27换算成二进制就是11 011。

63换算成二进制就是111 111。

最后一位上的1表示1，倒数第二位上的1表示2，倒数第三位上的1表示4，以此类推。同理，最后一位上的0表示没有1，倒数第二位上的0表示没有2，倒数第三位上的0表示没有4，以此类推。比如，13换算成二进制就是1 101，从右至左表示1个1、0个2、1个4和1个8。换言之，13 = 8 + 4 + 1，与上文的表达式相同。

二进制数字非常有趣，但这里不再赘述。我们回过头接着讨论天平与砝码的问题。

既然砝码组合{1，2，4，8，16，32}可以表示出1~63千克的所有整千克数，那么我们在天平的一个托盘上放置这些砝码的某种组合，就可以称出1~63千克的所有整千克数。

如果天平的两个托盘都可以放砝码呢？

巴歇砝码问题

如果天平的两个托盘都可以放砝码，要用天平称出1~40千克范围内的所有整千克数的质量，需要的最小砝码组合是什么？

这个问题出现在比萨的列奥纳多于1202年出版的《计算之书》中，但它更常见的名字叫巴歇砝码问题，以法国人克劳德-加斯帕·巴歇（Claude-Gaspard Bachet）的名字命名（这与他喜欢在豆焖肉里加薯条的习惯无关①）。

巴歇是趣题集的发明人。1612年，这位诗人、翻译家兼数学家将他收集的诸多问题整理成册，书名为《趣味数字问题》

——————————————

① 英文表达"weight problem"（砝码问题）还可以被理解成"体重超重问题"。——译者注

（*Problèmes Plaisants et Délectables Qui Se Font Par Les Nombres*）。
我们在前面讨论过的很多问题，例如小船过河问题、百禽问题、
三个坛子问题等，都被他收入到这本书中。300年里，这本书一
直是趣味数学方面的"宝典"，这一领域后来的所有出版物都受
到它的影响。不仅如此，这本书还把对天平问题最有名的分析也
包括其中。

巴歇对数学史的另外一个重要贡献是，将丢番图
（Diophantus）的《算术》（*Arithmetica*）由希腊语翻译成拉丁语。
法国数学家皮埃尔·德·费马（Pierre de Fermat）在阅读《算术》
时，在某一页的页边空白处写了一句话，即他在阅读这本书时突
发灵感，想到了一条定理的一个巧妙证法，但由于页边空白太
小，他未能把证法写下来。这条定理就是费马大定理：当整数
$n > 2$ 时，关于 a、b、c 的方程 $a^n + b^n = c^n$ 没有正整数解。在350
多年的时间里，这条定理一直是数学上最著名的未解之谜，无数
数学家前赴后继，试图完成对它的证明。当时，费马阅读的《算
术》正是巴歇翻译的拉丁语版本。

在解决新的问题之前，我们先热热身：

> 你有 8 枚一模一样的真硬币和一枚假硬币。假硬币的外
> 表没有任何瑕疵，但质量略小于其他 8 枚硬币。只称重两
> 次，如何找出这枚假硬币？

如果你想自己动手解这道题，就不要急着往下看。由于这道题有助于我们做后面的题，所以我先把它的解法告诉你。

解法是：将所有硬币分成3组，每组3枚。我们用1、2、3、4、5、6、7、8、9这9个数字为这9枚硬币编号。我们先比较1、2、3与4、5、6这两组。此时，天平要么保持平衡，要么不平衡。

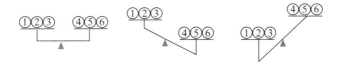

如果天平保持平衡（如左图所示），就说明质量较轻的那枚硬币在7、8、9这一组中；如果天平倾斜的状况如中间图所示，就说明质量较轻的硬币在1、2、3这一组中；如果天平倾斜的状况如右图所示，就说明质量较轻的硬币在4、5、6这一组中。换言之，在这三种情况下，我们都可以减少可选方案的数量，由九选一变成三选一。

在第二次称重时，我们从一组3枚硬币中取两枚，分别放到天平的两端。如果两个托盘一高一低，高的那个托盘里装的就是质量较轻的那枚假硬币；如果天平平衡，就说明第三枚硬币质量较轻。问题解决了！

下面这道题在"二战"期间疯狂流传，让同盟国的人绞尽脑汁。于是有人建议，将题目中说的那枚假硬币扔到对面去，让德国人也伤伤脑筋。

⑥ 一枚假硬币

你有 11 枚一模一样的真硬币和一枚假硬币。假硬币的外表没有任何瑕疵，但是与真硬币的质量不同。你不知道假硬币比其他硬币重还是轻。只称重三次，你可以找出这枚假硬币，并确定它比其他硬币重还是轻吗？

单盘秤与我们现在使用的数字秤一样，只有一个托盘，称重时可以读出物体的千克数。人们利用单盘秤，同样设计出了一些非常巧妙的假硬币问题。

⑥ 一摞假硬币

你有 10 摞 1 英镑的硬币，其中 9 摞都是真硬币，只有一摞全部是假硬币。你知道 1 英镑真硬币的重量，还知道每枚假硬币比真硬币重 1 克。用可以称出物体重量的单盘秤，最少称重几次，可以找出那摞假硬币？

继克劳德–加斯帕·巴歇之后，爱德华·卢卡斯（Édouard Lucas）于 19 世纪末出版了大量著作，确立了其法国趣味数学领域领军人物的地位。卢卡斯本就是一名杰出的数学家，在素数研究方面做出过重要贡献。在他的著作中，卢卡斯不仅对经典问题进行了分析，还设计出新的趣味数学问题。下面这个有关卢卡斯的故事引自一本 1915 年的法语数学教材，据说"绝对是真人真事"。作者称，这个故事发生于多年前的一次科学会议上。一天午饭过后，几位著名数学家（其中包括德高望重的泰斗级人物）正在散步，卢卡斯大声说出了下面这个问题，请大家说出正确答案。大多数人沉默以对，只有几个人做出了回答，但他们的答案都是错误的。

亲爱的读者朋友，请你也试一试吧。

从勒阿弗尔到纽约

　　每天中午，从勒阿弗尔都会发出一班前往纽约的客轮，同时从纽约也会发出一班开往勒阿弗尔的客轮。两个方向的航程都是 7 天 7 夜。如果今天从勒阿弗尔出发前往纽约，那么在到达纽约之前，可以遇到多少班从另一个方向开来的客轮？

　　我非常喜爱这个问题，不仅因为这道题与轮船进出港口这样的日常生活琐事有关，还因为我们需要用一点儿数学知识才能找到答案。说到交通运输，与之相关的高水平问题还真不少，而且大多数是人们在出行时经常考虑的问题。

往返旅程

　　在无风的天气里，飞机从 A 地飞到 B 地，再从 B 地返回 A 地，所需的时间正好相等。但是，如果不是无风天气呢？有风时，往返行程的时间是增加、减少，还是相等，或者与风向有关？

我们可以假定在整个往返旅程中风向一直保持恒定。显然，如果从A到B的去程正好顺风，此后风向突然改变，从B到A的返程也是顺风，那么整个旅程的飞行速度肯定比没有风时快。此外，我们还可以假定飞机是沿笔直的航线完成由A到B以及由B到A的旅程的。先考虑飞机去程时顺风（前半程速度更快）、返程时逆风（后半程速度变慢）的情况。风对旅程的影响是否正好相互抵消呢？再考虑风向与航向成一定角度时的情况。

驾车做长途旅行时盯着仪表盘看，也能体会到算术的乐趣。

里程数问题

现代的汽车通常有两个里程表，一个是不可复位的总里程表，显示汽车总的里程数，另一个是短距离里程表，读数可以恢复到0。如果任一里程表所有数位上的读数都是9，那么在变为下一个读数时，这个里程表的所有数位都会变成0。

假设总里程表与短距离里程表的前4位读数相同，如下图所示：

在不复位短距离里程表的前提下，汽车总里程数为多少时，这两个里程表的前 4 位读数会再次相同？

接下来，我们来看一个与跑步有关的问题。

超越

（1）赛跑时，你超过了第二名，请问你是第几名？

（2）赛跑时，你超过了最后一名，请问你是第几名？

⑥⑨

跑步的方式

　　康斯坦茨和达芙妮正在跑马拉松。竞赛类的马拉松全长是 26.2 英里。康斯坦茨以每英里 8 分钟的速度匀速跑完全程，而达芙妮有时快速冲刺，有时又会放慢速度，但跑完每英里所需的时间都是 8 分 1 秒。换句话说，每跑完 1 英里，无论在赛程的第一个 1 英里、最后一个 1 英里，还是赛程中间的 1 英里，康斯坦茨都需要 8 分钟，而达芙妮每英里的用时都比康斯坦茨多 1 秒钟。

达芙妮是否有可能赢得马拉松比赛？

我在这里稍做提示。达芙妮是有可能获胜的，但她必须找到正确的方法。在我看来，这个问题不是趣味问题，而应该归入悖论的范畴。有的悖论是逻辑悖论（前提导致自相矛盾的结论），还有的悖论则更加"阴险"——问题的陈述看似荒谬，但是经过认真研究却发现并无问题。下面两个问题就属于后者。

干瘪的土豆

把 100 千克含水量为 99% 的土豆放在阳光下暴晒。一天之后，水分蒸发了一些，土豆含水量变成了 98%。请问，现在这堆土豆有多重？

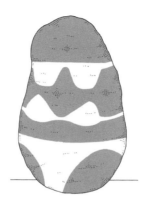

　　下面这个问题选自罗斯·鲍尔（W. W. Rouse Ball）1896年
版的《数学游戏及欣赏》（*Mathematical Recreations and Essays*）。
这本书是第一部重要的英文趣味数学著作，首次出版时间是
1892年，随后一共再版13次，最后4版于1939年、1942年、
1974年和1987年面世，那时罗斯·鲍尔已经离世了。这4版不仅
在原作的基础上做了修改，还由加拿大伟大的几何学家考克斯特
（H. H. M. Coxeter）增补了一些内容。罗斯·鲍尔的职业生涯是
在剑桥大学度过的，是这所高校里的一名活跃分子。其间，他
创建了五芒星俱乐部，这是全世界最古老的魔术社团之一。遵
照他的遗嘱，他的遗产被捐献给牛津大学和剑桥大学。后来，
这两所大学利用这笔资金，分别设立了罗斯·鲍尔数学教授奖。

涨薪水的方式

你准备接受一份起始年薪为 1 万英镑的工作，老板让你从下面两种涨薪水的方式中任选一种。

（1）A 计划：每 6 个月涨 500 英镑（也就是说，任职 6 个月之后，下 6 个月的薪水将增长 500 英镑）。

（2）B 计划：每年涨 2 000 英镑。

你会选择哪种方案？

棘手的问题

迪克有一根木棒，他准备将它砍成两截。如果他随意选择下刀的位置，那么砍成两截之后，短的那一截的平均长度是多少？

夫妻围坐问题是流传最广的爱德华·卢卡斯问题之一。题目要求多对夫妻围桌而坐时，男性与女性必须交替就座，且夫妻两人的座位不得彼此相邻。这道题的难度远远超出了本书的范围。

卢卡斯没有把这道题列入他的趣味数学著作中，而是以附录的形式，在一本关于数论的学术著作中提出来了。但是，既然大家感兴趣，我不妨透露一二。如果是两对夫妻，题目的要求将无法满足。如果是三对夫妻，有12种坐法；4对夫妻有96种坐法；5对夫妻有3 120种坐法。

人们受到这个问题的启发，围绕聚会的话题又设计出许多精彩的问题。

握手问题

爱德华和露西邀请4对夫妻参加晚宴。每个人只和自己不认识的人握手。客人到齐后，爱德华问自己的妻子和8位客人分别与多少人握过手，结果这9个人给出的答案各不相同。

那么，露西与多少人握过手？

如果这个场合显得过于正式，那么我们换一个随意一点儿的场合。

握手礼与亲吻礼

　　爱德华与露西邀请一些朋友参加晚宴。朋友中有的是独自一人，有的是与异性伴侣同来。男性相互打招呼时握手一次，而女性无论是见到女性还是与男性打招呼都会行亲吻礼。（当然，夫妻之间无须行亲吻礼。）出席晚宴的所有人都与爱德华、露西以及其他宾客打过招呼。如果一共行了 6 次握手礼和 12 次亲吻礼，那么参加晚宴的总人数是多少？其中独自参加晚宴的有多少人？

　　这里涉及组合的问题。有时候组合方式数不胜数，因此大家不要白费力气了，还是去剧院放松一下吧。记住，别忘了带上入场券。

对号入座

　　100 个人排队进入剧院。剧院一共有 100 个座位，但是排在队伍最前面的一个观众找不到自己的票了，于是她随便坐到一个座位上。接下来入场的观众都对号入座，但如果他们的座位已经有人就座，他们就会随便选择一个座位坐下。

最后入场的那名观众就座的座位号与其票上座位号一致的可能性有多大？

本章介绍的问题都与假设的环境有关。接下来，我们考虑一些货真价实的环境。

你是地理天才吗？

（1）欧洲城市中名字（英语）只有一个音节的最大城市是哪
　　一个？

（2）美国哪个州与非洲最近？

　　佛罗里达州

　　北卡罗来纳州

　　纽约州

　　马萨诸塞州

　　缅因州

（3）将下列城市按照由西至东的次序排列：

　　爱丁堡

　　格拉斯哥

　　利物浦

　　曼彻斯特

　　普利茅斯

（4）将下列城市按照由北至南的次序排列：

阿尔及尔

新斯科舍省哈利法克斯

巴黎

西雅图

东京

（5）将下列城市按照由北至南的次序排列：

布宜诺斯艾利斯

开普敦

复活节岛

蒙得维的亚

澳大利亚珀斯

（6）哪个欧洲国家与其他欧洲国家接壤最多？

（7）将下列岛屿按照人口多少排序：

设得兰群岛

马恩岛

怀特岛

泽西岛

马尔维纳斯群岛

（8）全世界海岸线最长的国家是哪一个？

（9）由于法国在海外拥有领土，并且在海外设立部门，所以法
国是世界上跨时区最多（跨 12 个时区）的国家。请问，只
拥有一个时区的最大的国家是哪一个？

（10）阿空加瓜山、厄尔布鲁士山、乞力马扎罗山和麦金利山分
别是南美洲、欧洲、非洲和北美洲最高的山峰，请将它们
按照高度排序。

我要栽 9 棵树，请你帮帮忙

小道具趣味问题

　　在所有数学游戏中，某些涉及真实事物的问题有可能是最难的。面对这类问题，如果不借助实物，而只靠在纸上写写画画，或者凭空想象，最后的结果往往是徒劳无功。借助实物解决问题，真正做到亲自动手，是一件令人惬意的事。不仅如此，有实物在手，解题的整个过程就像在摆弄一个玩具或者做游戏一样。

　　这一章我们将借助硬币、火柴、邮票、纸张和绳索自娱自乐。所有这些都是装在你口袋或者钱包里的小玩意儿。第一个问题只需要 4 枚一模一样的硬币，如果你之前曾经和我一起乘火车出行，那么我肯定用这个问题为难过你。

你能用 4 枚一模一样的硬币，在桌上摆出下图中的图案，使第 5 枚硬币可以毫无阻碍地平移到图中阴影部分，并与这 4 枚硬币接触吗？

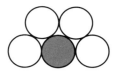

这道题目要求你确定4枚硬币的摆放位置，以确保第5枚硬币正好可以与它们接触。动手试试看吧，只盯着看是做不好这道题的。

本题唯一的解法如下图所示，即将这些硬币排列成菱形。为确保硬币的相对位置保持固定，在将任意一枚硬币平移至新的位置后，都要保证这枚硬币正好可以接触到另外三枚硬币中的两枚。

第1步　　　　　　第2步　　　　　　第3步

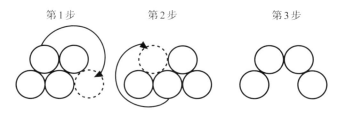

现在，你需要解决的问题变成了将上图所示第1步中的排列变成题目要求的排列，同时必须保证平移到新位置之后的硬币正

好可以接触到三枚硬币中的两枚。具体方法参见图中的第2步和第3步。

硬币问题通常难度不大，但是非常有趣，让你一下子就进入忘我的境界，直到谜底揭晓时才会恍然大悟。一般来说，这些问题的复杂程度远远超出我们的预期，但是经过一番思考，我们通常都能成功找到答案。

上面这道题是亨利·恩斯特·杜德尼于一个世纪前设计的，下面这道题也是他的作品。

6枚硬币

你能用6枚硬币在桌上摆出下图中的图案，在阴影部分放入第7枚硬币并使之触碰到所有6枚硬币吗？

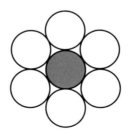

首先，你必须先将6枚硬币排列出一个初始图案，以确定这些硬币的相对位置。随后，在每次将一枚硬币平移到新的位置时，都要确保它可以触碰到另外5枚硬币中的两枚。整个过程中，不能让硬币离开桌面，也不能用一枚硬币推动另一枚硬币。

移动三枚硬币，就可以达成目标。

硬币问题很容易让人上瘾。一旦解开了上面这道题，你就会忍不住想再做一题。

三角形变直线

移动 7 次，你能将下图的三角形变成直线吗？与上题要求相同，每次将硬币移动到新位置时，都要保证它触碰到另外两枚硬币。此外，不能让硬币离开桌面，也不能用一枚硬币推动另一枚硬币。

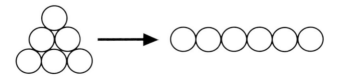

下面这道题需要使用8枚一模一样的硬币。

变化无穷的"水"

利用上面的规则，移动 4 次，可以将 H 变成 O 吗？

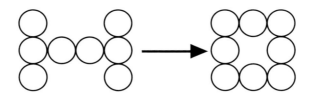

移动 6 次，可以将 O 变回 H 吗？

在前文中，我们已经与亨利·恩斯特·杜德尼有过一次接触。他设计的史密斯、琼斯和罗宾逊问题，在20世纪30年代曾掀起一阵逻辑推理问题的热潮。

杜德尼是英国也是世界最伟大的趣味问题设计师。在为报纸、杂志撰稿的40年职业生涯里，他设计了大量经典趣味数学问题。不仅数量之多无人能及，而且他从未停下创新的脚步。我在第一章中提到，杜德尼在《河滨杂志》长期主持"疑难问题"专栏，而就在史密斯、琼斯和罗宾逊问题（本书第7个问题）刊登在该专栏的当月，这位趣味问题设计大师离开了人世。

杜德尼的天赋或许可以追溯至他的祖父——在英国南部丘陵

地区一边放牧一边自学数学和天文学的牧羊人。后来，这位牧羊人成了一名学校老师。再后来，他的儿子也成了一名老师。但是，1857 年出生的杜德尼却无法适应制度化的教育方式，在 13 岁时辍学，成为伦敦政府行政部门的一名办事员。后来，厌倦了工薪阶层生活的杜德尼开始设计趣味问题，并向全英国的出版机构投稿。最后，他成了一名全职的趣味问题设计者。

杜德尼的作品不仅题材宽泛，而且内容有深度，这对于一名自学成才的人来说尤为难得。杜德尼拥有无比敏锐的算术头脑。在他于 1907 年出版的第一本书《坎特伯雷趣题集》（*The Canterbury Puzzles*）中有这样一道题：1 和 2 的立方和等于 9（$1^3 + 2^3 = 1 + 8 = 9$），请仿照此例，找出另外两个立方和等于 9 的数字。答案是：

$$\frac{415\ 280\ 564\ 497}{348\ 671\ 682\ 660} \text{ 和 } \frac{676\ 702\ 467\ 503}{348\ 671\ 682\ 660}$$

杜德尼称："一位优秀的保险精算师和一名记者不嫌麻烦，算出了这两个数字的立方和。最后，他们都发现我给出的答案准确无误。"杜德尼只使用纸和笔就算出了这个答案，这个事实足以令所有人瞠目结舌。

杜德尼设计了大量的硬币问题，下面这道题选自 1917 年出版的《数学的乐趣》（*Amusements in Mathematics*）。

5 枚一便士硬币

　　这道题非常难，条件却很简单。每位读者都知道使 4 枚硬币彼此距离相等的排列方法：先将 3 枚硬币平铺到桌面上，使它们彼此接触，组成一个三角形，然后将第 4 枚硬币叠放到三角形中心点的上方。这样一来，每枚硬币都与其他所有硬币相接触，且每两枚硬币之间的距离都相等。现在，请大家找出让 5 枚硬币彼此距离相等的排列方法，并保证每枚硬币都与其他所有硬币相接触。你将发现，5 枚硬币的排列方法完全不同于 4 枚硬币。

　　为了降低这道题的难度，建议大家尽量使用大一些的硬币，例如两便士或10便士硬币，至少像我这样的笨人应该采取这个策略。杜德尼只给出了一个答案，但正确答案一共有两个。

　　约翰·杰克逊于1821年出版的《冬夜的推理游戏》（*Rational Amusement for Winter Evenings*）中有一首小诗：

> 我要栽 9 棵树，请你帮帮忙，
>
> 树要栽 10 行，
>
> 每行有 3 棵，

如能帮助我，盛情永不忘。

简单地说，就是把9棵树栽成10行，每行3棵，应该怎么栽？
答案如下图所示。

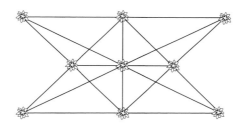

尽管没有证据表明这道题在杰克逊之前就已经出现，但杜德
尼在《数学的乐趣》中称它的设计者是艾萨克·牛顿。解决栽树
问题（需要栽若干棵树，使树排成若干行，每行有若干棵树）的
最简便方法就是借助硬币。下面这道题是由杜德尼提出的。

栽 10 棵树

如下图所示，在一张很大的纸上放置 10 枚硬币。

拿掉其中 4 枚，将它们放到其他位置上，使这 10 枚硬币排成 5 条直线且每条直线上有 4 枚硬币。

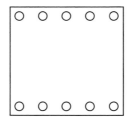

　　如果你能做到（杜德尼说难度不大），那么你能说出这道题有多少种解法吗（假设每次解题都从初始位置开始）？

　　在解这道题时，我们不容易看清硬币位置的微小变化，因此我建议大家在纸上标出硬币的初始位置。

　　杜德尼设计了几道将10个点（或10棵树）排成5行、每行包含4个点（或4棵树）的问题。如果无须遵循上一道题中只能移动4枚硬币的规定（也就是说，移动硬币的次数没有任何限制），则还有另外5种排列方法，也可以将10枚硬币排成5条直线，且每条直线上有4枚硬币。杜德尼把这5种排法分别称作星形、飞镖、指南针、漏斗、钉子排法。（他还把上一道题的排列方法称作剪刀排法。）下图所示是星形排法，你能找出其他4种排法吗？

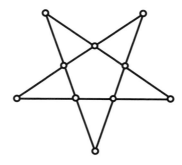

问大家一个问题：为什么20世纪初名气最大的那个亨利·杜德尼是一名女性？

爱丽丝·惠芬与亨利·恩斯特·杜德尼结婚时只有18岁，后来她成为一名可以与托马斯·哈代（Thomas Hardy）、伊迪斯·华顿（Edith Wharton）齐名的成功小说家。在为自己的作品署名时，她选择了夫姓，称自己为亨利·杜德尼夫人。她一共出版了大约50本小说，背景大多是英国东南部的乡村，那里有杜德尼夫妇建造的乡下庄园。两人都得到了伦敦文艺界的认可，爱丽丝还是菲利普·沙逊爵士（Sir Philip Sassoon）的知己。沙逊爵士不仅是一名富可敌国的国会议员，还是英国上流社会的活跃分子，经常在他位于肯特郡的豪宅里举办名人聚会。

杜德尼夫妇的关系一度非常紧张。由于爱丽丝有了婚外情，两人分居了一段时间。1916年，两人一起搬回位于刘易斯市的一幢房子里。他们有各自的书房，分别在楼上和楼下。爱丽丝在日记里详细记录了她与杜德尼（她称其为恩斯特）在刘易斯市一起度过的时光。1998年，这些日记得以出版。在这些日记里，爱丽丝用略显尖刻而又充满深情的笔触，描述了她与这位全世界最伟大的趣题设计大师的共同生活。有时候，他们的关系亲近到令人难以忍受的地步——杜德尼深爱着自己的妻子，以致常常妒火中烧。爱丽丝写道："恩斯特的脾气太暴躁了，他无法控制自己，但他并没有意识到这个问题（我是这样认为的），所以也就不会想方设法改正了。归根结底，如果你嫁的是一个天才，而你自己又不是庸才，两个人的冲突自然在所难免……"

杜德尼有着异乎寻常的天赋，可以将日常生活中的普通事物变成趣味横生的数学问题。他曾经在伦敦的俱乐部里利用雪茄设计出下面这道独具匠心的趣题。他在书中写道："在相当长的时间里，这道题牢牢地吸引着俱乐部会员们的注意力。他们一筹莫展，认为这道题不可能有解。但是，看完下面的介绍，你就会发现答案其实简单至极。"

这道题说的是雪茄，但我认为，如果借助硬币来思考，可能会更加容易。于是，我对这道题进行了改写。（如果你希望了解这道题的原貌，将所有的"硬币"改成"雪茄"即可。）

空间争夺赛

两名玩家坐在一张方形桌子旁边。第一名玩家先将一枚硬币放到桌子上，接着第二名玩家也做了同样的动作，就这样，两人交替在桌子上放硬币。条件只有一个：不可以触碰任何硬币。在桌子上放下最后一枚硬币的玩家获胜，因为他（她）占据了桌子上最后的空隙。

桌子面积必须大于一枚硬币，否则在第一名玩家放下第一枚硬币后，游戏就结束了。此外，所有硬币都必须一模一样。

有一名玩家肯定能赢得这场比赛。是谁呢？是第一名玩家，还是第二名玩家？他（她）应该采取什么办法才能确保自己获胜呢？

后文还会讨论杜德尼的趣题，但现在既然我们已经把硬币放到桌子上了，就先尽情享受硬币问题带给我们的乐趣吧。

1883 年，苏格兰数学物理学家彼得·格思里·泰特（Peter Guthrie Tait）致函爱丁堡数学学会，称他在乘火车时发现了下面这道趣题。这件事让我进一步确定，自铁路问世之后，硬币问题就成为乘客们喜爱的一种消遣方式。

泰特在很多科学领域都做出过贡献，他对数学的贡献是创建了纽结理论。他对实验情有独钟，还是一位多产的作家（曾与开尔文男爵合著了一部经典的物理教材），但爱丁堡的学生们最崇拜他的地方是，他利用巨型磁铁、水流及满屋子的电火花完成了蔚为壮观的科学演示。不过，泰特最喜爱的道具可能是高尔夫球俱乐部。他对高尔夫球运动极为痴迷，并因此写了几篇研究高尔夫球（或称"旋转球状抛射物"）运动轨迹的论文。后来，他的儿子费雷迪成为一位知名的高尔夫球员，曾经两度夺得英国业余高尔夫球锦标赛的冠军。

下面这道题据说源于日本，但它得以在西方广为流传，则应归功于泰特。

泰特的棘手问题

如下图 1 所示，将两种硬币交替排列。如果你只有一种硬币，那么可以让正反面交替朝上摆放。接下来，你需要改变这 8 枚硬币的位置，把相同的 4 枚硬币放在一起，如下图 2 所示。

我要栽 9 棵树，请你帮帮忙

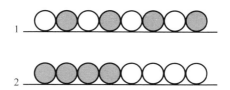

　　每次移动硬币时，必须同时移动相邻的两枚硬币。这两枚硬币可以移动到其他硬币所在直线的任何位置，但移动过程中不得变换彼此的位置：位于左侧的硬币必须始终在左侧，位于右侧的硬币必须始终在右侧。

　　你能通过 4 次移动完成这项任务吗？

　　做这道题时，如果不能立刻解决问题，就有可能失去信心。请大家不要轻易放弃，只要坚持下去，就有可能找到正确答案。

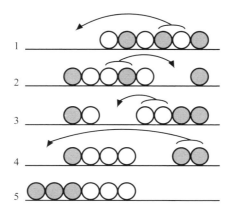

为帮助大家找到方法，我们先考虑相对简单的6枚硬币问题。注意，达成目标之后，所有硬币整体向左移动了两枚硬币的距离。

讨论到这里，我想不如顺势将最后一道泰特风格的问题介绍给大家吧。这道题只涉及5枚硬币，但多了一个限制条件：每次移动的两枚硬币必须是不相同的硬币。你可以只移动4次，将下图中上面的图案变成下面的图案吗？

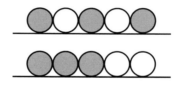

在上一章中，我们讨论过爱德华·卢卡斯曾经问同事的一道关于远洋客轮的问题。这位19世纪的法国数学家在他的《数学游戏》（*Récréations Mathématiques*）中介绍了下面两道传统趣题。

4 摆硬币

如图所示，8枚硬币排成一行。每次移动硬币时，可以让这枚硬币向左或向右跳过两枚硬币，落在第 3 枚硬币上。每次可以跳过两枚单层硬币，或者叠放成一摞的两枚硬币。

如何移动 4 枚硬币，把这 8 枚硬币变成 4 摞，每摞两枚？

卢卡斯把下面这道题称作"青蛙和蟾蜍"。他建议大家使用国际象棋中的黑兵和白兵。如果手边没有国际象棋，用硬币也可以。

青蛙和蟾蜍

如下图所示，将 3 枚同一面值的硬币和 3 枚另一面值的硬币排成一条直线，两种硬币之间留 1 个空位。（或者以正反面区分这 6 枚硬币。）我们把左边的硬币称作"青蛙"，把右边的称作"蟾蜍"。青蛙只能由左向右移动，而蟾蜍只能由右向左移动。在沿着正确的方向移动时，青蛙和蟾蜍每次可以前进 1 格进入空位，或者跳过 1 枚硬币进入空位。

如何将所有青蛙都移到蟾蜍所在的位置，并将所有蟾蜍都移到青蛙所在的位置？

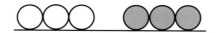

跳棋（或独立钻石棋）可能是最有名的一种棋子可以跳跃前进的单人游戏。1716年，博学的德国学者哥特弗里德·莱布尼茨（Gottfried Leibniz）说："我非常喜欢独立钻石棋这个名称。"莱布尼茨在科学和哲学领域都有诸多贡献，包括发现微积分（与艾萨克·牛顿各自独立完成）、发明计算机以及推动二进制数字的应用（0和1分别对应他喜爱的独立钻石棋中的空洞和棋子）。但是，莱布尼茨在玩这个游戏时更喜欢反其道行之。通常的玩法是跳过棋子，进入空洞，同时将被跳过的棋子拿掉，但是莱布尼茨喜欢跳过空洞，然后在空洞处放置一枚棋子。他说："你们也许会问，为什么要这样做呢？我的回答是：我希望发明一种完美无缺的艺术。"

下面，我们开始玩硬币跳棋吧。我们采用正常的规则：任何硬币都可以跳过另一侧为空位的相邻硬币，而被跳过的硬币将被拿掉。就像国际跳棋一样，在跳过一枚硬币之后，如果还可以再跳，那么你可以选择连续跳，一口气跳过多枚硬币。

三角跳棋

如下图所示，将 10 枚硬币排列成一个三角形。拿掉其中一枚硬币，再通过硬币跳跃的方式，使桌面上最后只剩下一枚硬币。

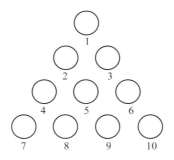

同前面的硬币问题一样，这道题也有极大的吸引力，让你恨不得立刻找到答案。在开始尝试之前，我建议你先找一张纸，并在纸上标出 10 个点，以免硬币错位。

一番摆弄之后你会发现，如果拿掉 2 号位上的硬币，就可以采用下面的 6 个步骤解题：

1．7 号位上的硬币跳到 2 号位。（4 号位上的硬币被拿掉。）

2．9 号位上的硬币跳到 7 号位。（8 号位上的硬币被拿掉。）

3．1 号位上的硬币跳到 4 号位。（2 号位上的硬币被拿掉。）

4．7号位上的硬币跳到2号位。（4号位上的硬币被拿掉。）

5．6号位上的硬币跳到4号位，再跳到1号位，又跳到6号位。（5号位、2号位和3号位上的硬币被拿掉。）

6．10号位上的硬币跳到3号位。（6号位上的硬币被拿掉。）

但是，我们还可以精益求精，找出5步解法。

我已经介绍了很多道硬币问题，几乎占去本部分篇幅的一半，这是因为硬币是趣味问题中使用最广泛的道具之一。其物理属性使其具有多种使用方法：它们既可以像筹码一样滑动、堆叠，又可以当作几何中的点，还可以用作跳棋的棋子。此外，硬币的正反两面截然不同，易于辨认。下一道题或者说魔术，正是基于硬币的这个特点设计的。

看不见的硬币

你是一名魔术师。在戴上眼罩之后，你请一名观众将10枚硬币平铺在你面前的桌子上，然后告诉你其中有多少枚硬币正面朝上。

你看不见这些硬币，也无法通过触摸的方式辨别硬币的正反面。

现在，你要把这些硬币分成两组，使每组中正面朝上的硬币个数相等。请问，应该如何分组？

在第一次看到这道题时，我对其印象深刻，但是这道题的解法给我留下了更加深刻的印象。

首先考虑在不戴眼罩的情况下如何解这道题。拿出 10 枚硬币，将它们平铺到桌面上，假设有 3 枚正面朝上。接下来，将这些硬币分成两组，使正面朝上的硬币数彼此相等。由于一共有 3 个正面，无法等分成两组，所以需要把几个硬币翻个面。解决这个问题的关键在于如何确定翻转哪些硬币，并考虑在戴眼罩时该如何做出这个决定。

这个问题可以作为魔术表演给观众看，因为观众发出的惊叹声会给你带来巨大的成就感。事实上，解这类题经常有变魔术的效果，不仅因为答案会给人恍然大悟的感觉，还因为问题本身常带有一种微妙的误导性。

下面这道题用到了硬币，结果也非常有趣，因此我把它介绍给大家。我不指望大家真的掏出 100 枚硬币，但我强烈建议你即使解不出来，也一定要看看书后的答案。这道题最初出现在 1996 年国际信息学奥林匹克竞赛中，由于应试者都是大学以下的学生，所以这道题针对的是头脑极为聪明的青少年计算机迷，是一个非常棒的问题。

87

100 枚硬币

桌子上放着一排硬币，共 100 枚。佩妮和鲍勃正在用这些硬币玩游戏。游戏规则是两人依次从桌子上拾取硬币，每次一枚，最后钱多者获胜。拾取硬币时，只允许从两端的两枚硬币中任选一枚。硬币的面值不一样，有的是一便士，有的是两便士，还有的是一英镑等。

游戏从佩妮开始，她拿起位于某一端的一枚硬币，装进自己的口袋。然后，鲍勃选取位于某一端的一枚硬币，也装进自己的口袋。就这样，他们轮流拾取硬币，直到桌上一枚硬币都不剩。每次选取时，他们都可以从两端的两枚硬币中任选一枚。

你能证明佩妮拿到的钱至少不会比鲍勃少吗？

给大家一个提示：把这些硬币从1~100编号。

好了，硬币问题就介绍这么多了！接下来，我们要讨论火柴问题了。从趣题历史上看，火柴是使用次数仅次于硬币的道具。我们先来看一道同时使用硬币和火柴的问题。不妨把这道题看作两位著名的老年歌手奉献的典藏版趣味数学二重奏。

"释放"硬币

如下图所示，两个玻璃杯倒扣在桌面上，玻璃杯之间有一根火柴，左侧玻璃杯里有一枚硬币。你能拿出硬币并使火柴不掉下来吗？

安全火柴是20世纪中叶发明的。在100年的时间里，火柴问题可能是流传最广的老少咸宜的趣味问题。现在，由于吸烟者主要使用打火机，所以火柴的使用率已经大不如前了。在这种情况下，火柴逐渐被牙签、铅笔和棉签取代。

杜德尼称下面这道题是"适合年轻读者的小问题"。

修整三角形

在下图中，16 根火柴构成了 8 个等边三角形。

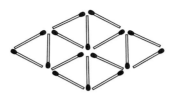

　　请拿走 4 根火柴，使剩下的火柴正好构成 4 个等边三角形，而且没有零散或多余的火柴。

变来变去的三角形

用 12 根火柴拼成包含 6 个等边三角形的六边形。

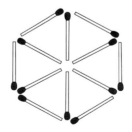

本题包含 4 个部分。

（1）移动两根火柴，把 6 个等边三角形变成 5 个。

（2）在新的图案中移动两根火柴，把 5 个等边三角形变成 4 个。

在所有 4 个步骤，拼成的图案中都不能有零散的火柴棒，但在（3）、（4）中，三角形的大小可以发生变化。

（3）移动两根火柴，把 4 个等边三角形变成 3 个。

（4）再移动两根火柴，把 3 个等边三角形变成两个。

接下来，我们想办法增加三角形的个数。下面这道题需要的火柴非常少，因此我很喜欢。

增加三角形的个数

（1）现有 6 根火柴拼成的两个三角形。如何移动两根火柴，使拼成的图案中出现 4 个三角形？火柴可以交叠。

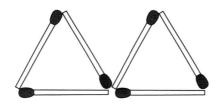

（2）用6根火柴拼成4个三角形，火柴不得交叠。

我之前曾让大家排列5枚硬币，并使硬币相互接触。下面是这道题的火柴版本。

如何才能相互接触

给你6根火柴，如何让每根火柴都与其他火柴相互接触？如果有7根火柴呢？

对于只是末端相互接触的一堆火柴，我们有两种理解方式。第一，这就是一堆火柴。第二，我们还可以把它们看成由火柴连接一个个点形成的网络，例如下面这道题。

点对点

把12根火柴排列起来，使每根火柴的两端正好与另外两根火柴的其中一端相接触。换言之，创建一个点阵，然后用火柴将每个点与另外三个点连接起来。

下面，我们通过最后一道火柴问题，看看我们的老朋友杜德尼在这个领域做出的创新吧。

两个封闭区域

如下图所示，用 20 根火柴围成两个独立的矩形封闭区域。这两个矩形分别由 6 根和 14 根火柴构成，第二个矩形的面积是第一个的 3 倍。

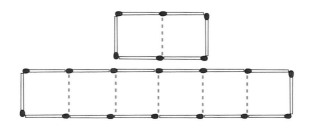

从构成大矩形的火柴中拿出 1 根，放到另一组火柴中，使两组的火柴数分别是 7 根和 13 根。如何用这两组火柴形成

两个新的封闭区域，并使第二个区域的面积仍然是第一个的 3 倍？

在阅读杜德尼的著作时，我一直为他化腐朽为神奇的能力惊叹不已。口袋里常见的小玩意儿到了他的手里，就能设计出构思精巧的趣题来。下面这道使用了一联 8 张邮票的趣题就非常棒。没有邮票的话，用白纸代替即可。

不管怎么说，大家都应该准备一把剪刀了，因为后面的趣题可能需要用到剪刀。

折叠邮票

下图所示是一联邮票，被标记为 1~8 号。请大家将这联邮票沿边线折叠，使 1 号邮票朝上，其余邮票都在 1 号的下方。

你能将这些邮票折叠成 1-5-6-4-8-7-3-2 和 1-3-7-5-6-8-4-2 的次序吗（后者难度更大）？

杜德尼微笑着说道："这道题非常有意思，不要轻言放弃。"

我要栽 9 棵树，请你帮帮忙

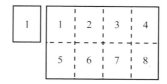

杜德尼还用一联正方形邮票设计了下面这道题。

4 张邮票

如下图所示，你有一组 3×4 共计 12 张正方形邮票。因为朋友向你索要 4 张邮票，你决定从这组邮票中撕下 4 张，并让这 4 张邮票仍然连在一起，形成诸如 1-2-3-4、1-2-5-6、1-2-3-6 或 1-2-3-7 的组合。邮票不能通过

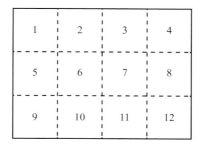

某一角相连，但可以通过任一边连在一起。

这种连成一体的 4 张邮票组合共有多少种？

在书后的答案部分，我画出了连成一体的4张邮票可以构成的各种形状。如果你已经完成了解答，可以去看一看我的答案。是不是感觉很熟悉呢？

没错，杜德尼的这道邮票问题的答案就是大家熟知的俄罗斯方块。

很多人都玩过俄罗斯方块的游戏。它虽然非常简单，但是有很大的吸引力。游戏开始后，由4个方块相连构成的各种形状会从屏幕顶端向下掉落。你需要通过水平移动或旋转这两个操作，将这些图形叠加到一起。

俄罗斯方块的发明者阿列克谢·帕基特诺夫（Alexey Pajitnov）的灵感来自数学家所罗门·格伦布（Solomon Golomb）于1965年出版的一部著作。格伦布之所以对由方块构成各种形状感兴趣，则是受到了杜德尼的启发。

杜德尼没有接受过正式教育，但他天生就善于通过趣味问题来表现自己的奇思妙想。后来，数学家发现他设计的这些问题有较高的学术价值，值得深入研究。

杜德尼在他出版的第一本书《坎特伯雷趣题集》中，第一次利用方块连接而成的形状设计了一道趣题。

这道题的设计灵感来自约翰·海沃德（John Hayward）在一部关于征服者威廉的史书（1613年出版）中讲述的一个故事（但这个说法不完全可信）。威廉的两个儿子——亨利和罗伯特，去拜访法国的王位继承人路易斯。亨利在棋盘上赢了路易斯，随后两人打斗起来。海沃德写道："亨利拿起棋盘打了路易斯一下，把他打得头破血流。接着，（亨利和罗伯特）赶紧骑上马，绝尘而去……尽管法国人在他们身后紧追不舍。"这真是一场闹剧！

支离破碎的棋盘

下图展示的是一张破成了 13 个碎片的棋盘。这些碎片包含 5 个方格可以拼成的所有形状，以及一个由 4 个方格构成的方块。

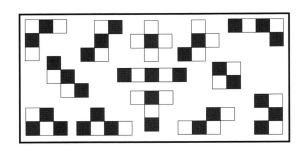

你能用这些碎片拼成一个完整的棋盘吗？

杜德尼建议从正方形的纸上剪下这些形状，然后把它们一一贴到纸板上。他说："它们将持续不断地为我们的家庭生活增添乐趣。完成之后……不要记录你是如何拼贴的。当下次再拼的时候，你就会发现你仍然需要开动脑筋。"

既然已经准备好了纸与剪刀，就来看看下面这个有意思的折纸问题吧。解出这道题的速度应该比上一道题快吧。

折立方体

如下图所示，把一张 3×3 的正方形纸正中间的小方格剪去。

你能将这一圈 8 个小方格折成一个立方体吗？立方体有 6 个面，因此将有两个方格重叠。

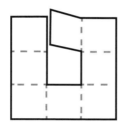

如果你参加过童子军，学习过领带皮环的打法，就说明你的童年没有虚度。你学到的知识现在（终于）也可以派上用场了。

不可思议的辫子

从塑料袋上剪下一个细长条，然后在上面割两条细缝，如下图 A 所示。

你能用这个塑料条编成图 B 中的辫子吗?

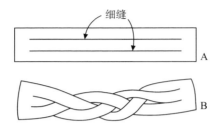

我第一次做这道题时,用的是纸条。但纸条很容易被扯断,远没有塑料条的效果好。如果你是童子军,也可以用皮革条。

将三股细长条编成辫子并不需要创造性思维,只需要用正确的方法把它们编起来就可以了。注意:这三股细长条彼此缠绕,与发辫非常相似。它们一共相交了6次,虽然缠绕在一起,但没有发生扭曲。你来试试看吧!

在做本章最后一道题时,我们需要准备一些新道具,包括绳子和纸板。用纸板剪出两个小矩形,然后如下图所示,用绳子将它们连起来。在每片纸板朝上的一面写上"正面"两个字。

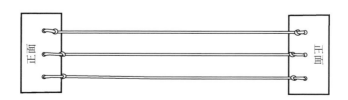

从拓扑学的角度看，这个模型与上一题中的塑料条形状相同：都分成了三股，在两端的位置三股彼此相连。但是，我们现在用的是绳子，这样可以更好地利用它的某些物理属性。

20世纪30年代，丹麦诗人、趣味数学家皮亚特·海恩（Piet Hein）经常造访尼尔斯·玻尔（Niels Bohr）的哥本哈根理论物理研究所，并在那里接触到上文中介绍的绳子模型。在他的努力下，下面这道题得到了广泛传播。

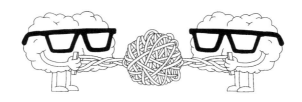

编绳游戏

如下图A所示，握住纸板－绳子模型的左端，让模型右端从上面两根绳子之间穿过，并翻转一整圈。这样一来，写在右端纸板上的"正面"两个字肯定会再次朝向上方，模型变成了图B的样子。接下来，按照图示的方式，让模型右端从下面两根绳子之间穿过并翻转一整圈，变成图C的样子。

如果不允许翻转任何一个纸板，你能解开缠绕在一起的绳子吗？

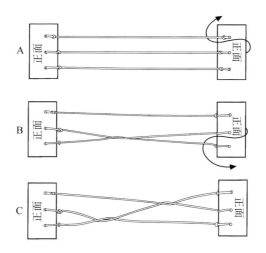

为了确保不转动任何一个纸板，请你用左手握住模型左端，用右手握住模型右端。确保两个纸板上的"正面"二字一直朝向你，且两个纸板保持在同一平面上。由于不能翻转纸板，所以你只能让纸板在绳子之间平移。

不可思议的是，纸板多次平移之后，绳子就会解开。我觉得这可能是本章介绍的最好玩的趣题了，还有什么比毫不费力地解开乱七八糟的绳结更令人感到满足的呢？

为确保你能享受到这份乐趣，我决定不在本书的答案部分给出这道题的答案，所以只能靠你自己了。

一旦你成功地解决了这道题，你就会喜欢上这个模型。如果你想再做一道解绳结问题，只需重复上一道题的步骤即可：左端纸板不动，右端纸板翻转两整圈。上一次，纸板在完成第一次翻转时，是由前至后从上面两根绳子中穿过的。这一次，你可以让纸板由后向前翻转，也可以让纸板从下面两根绳子中由后向前或由前向后翻转，还可以像拨电话拨号盘一样，让纸板旋转360度。第二次翻转时也可以选择这些方式。

如果只翻转一次，是不可能通过在绳子间平移纸板的方式解开绳结的。但是，如果翻转两圈，那么无论你是用什么方式完成翻转的，绳结都可以解开。

皮亚特·海恩把这个游戏称作编绳游戏，并指出两个人一起玩时最有趣。一个人握住模型的左端纸板，另一个人握住右端纸板。一个人把手里的纸板翻转两圈，让另一个人理顺绳子。两个人依次扮演出题人和解题人的角色，最终解绳结速度最快的人获胜。

翻转两圈，绳结一定可以解开，而如果只转一圈，绳结则无法解开。这是这个纸板–绳子模型最有意思的一点，对于我们理解某些空间旋转的特点具有启示作用。因此，尼尔斯·玻尔和他的同事都对它非常感兴趣。在哥本哈根逗留过一段时间的英国量子物理学家保罗·狄拉克（Paul Dirac）在教学过程中也使用过这个模型，用以"说明三维空间旋转群的基本群只有一个生成元，它的周期为2"。

我们已经知道，好的趣味问题具有魔术表演的效果。不仅如此，有的趣题在被用来解释严肃的科学时，也可以发挥显著的作用。

你连 13 岁的孩子都不如吗？

游戏规则：不得使用计算器！

（1）下面这些语句中有几个是正确的？

> 所有语句都不对。
>
> 这些语句中只有一个是正确的。
>
> 这些语句中只有两个是正确的。
>
> 所有语句都是正确的。

A. 0　**B.** 1　**C.** 2　**D.** 3　**E.** 4

（2）下面这些图形中，哪一个图形不可能是由两个相同的正方形重叠后形成的？

A. 等边三角形

B. 正方形

C. 风筝形

D. 七边形

E. 正八边形

（3）下列等式中只有一个是成立的。请问是哪一个？

    A. $44^2 + 77^2 = 4\,477$

    B. $55^2 + 66^2 = 5\,566$

    C. $66^2 + 55^2 = 6\,655$

    D. $88^2 + 33^2 = 8\,833$

    E. $99^2 + 22^2 = 9\,922$

（4）一排5个"开/关"按钮，任意两个相邻按钮都不同时处于"关"这个状态的组合一共有多少种？

    A. 5 **B.** 10 **C.** 11 **D.** 13 **E.** 15

（5）下面这个加法算式中的每个字母都代表一个不同的数字，其中S代表3。请问Y x O等于多少？

$$
\begin{array}{r}
S\,O \\
+\ M\,A\,N\,Y \\
\hline
S\,U\,M\,S
\end{array}
$$

A. 0   B. 2   C. 36   D. 40   E. 42

（6）在 24 小时内，数字钟面上表示小时、分和秒的 6 个数字同
时改变的次数是多少？

A. 0   B. 1   C. 2   D. 3   E. 24

（7）在下面这些数中，可写成 3 个正数的立方和的最小数是哪
一个？

A. 27   B. 64   C. 125   D. 2 165   E. 512

（8）某个数列从第 4 项开始的每一项都是前三项的和。已知前
三项分别是 -3、0、2，第一个大于 100 的项是第几项？

A. 第 11 项   B. 第 12 项   C. 第 13 项   D. 第 14 项

E. 第 15 项

（9）某本书的页码为 1、2、3……，已知该书所有页码排列起
来是一个 852 位数，请问最后一页的页码是多少？

A. 215   B. 314   C. 320   D. 329   E. 422

（10）下图所示是一个单位立方体（即长、宽、高均为 1 的立方体）。假设该立方体被涂成了蓝色。现在，在该立方体的 6 个面上以面对面的方式分别粘贴一个蓝色单位立方体，构成一个三维"十字架"。如果以面对面的方式，在这个十字架暴露在外的所有面上分别粘贴一个黄色单位立方体，则需要多少个黄色单位立方体？

A. 6   B. 18   C. 24   D. 30   E. 36

纯粹的数字游戏

为纯粹主义者准备的问题

　　一本讨论数学问题的书是一定要介绍数字趣题的，否则就显得不够完整。我指的不是那些需要使用数字的问题（从前文可以看出，很多趣题都离不开数字），而是彰显了数字之美和数字规律的问题。它们不需要借助道具，也不需要通过各种奇思妙想来吸引人，而是直截了当地展现在你面前。尽管没有花哨的噱头，但数字趣题同样可以带给我们无穷的欢乐。即使是简单的求和，也能让我们乐此不疲。

　　你能求出从 1 至 100 的所有数字之和吗？

　　18世纪末，尚未成年的卡尔·弗雷德里希·高斯（Carl Friedrich Gauss）遇到了这个老调重弹的问题，结果这位未来的大数学家很快就给出了答案。至少我听到的故事是这样。他的老师以为他会把所有数字一个一个地加起来，但这位天才少年却发现了一个规律。

　　$1 + 2 + 3 + 4 + \cdots + 97 + 98 + 99 + 100$ 的结果，与依次从算式前后各取一个数两两相加再加总的结果相等：

　　$(1 + 100) + (2 + 99) + (3 + 98) + (4 + 97) + \cdots + (50 + 51)$

　　这个算式的各个项都相等：

　　$101 + 101 + 101 + 101 + \cdots + 101$

　　因此，总和就是50个101，即 $101 \times 50 = 5\,050$。

　　高斯真是太聪明了！人们通常认为高斯是第一个想出这个方法的人。然而，早在1 000年前，阿尔昆就在他的《青少年趣味智力问题》一书中提出了同样的问题。

　　　　一个梯子共有100级，第一级上有一只鸽子，第二级上有两只鸽子，第三级上有三只鸽子，第四级、第五级上分别有四只和五只鸽子，以此类推，第100级上有100只鸽子。请问，梯子上一共有多少只鸽子？

　　情境不同，但算术过程显然是一样的，都需要从1加到100。

阿尔昆也是采用两两相加的计算方法，但配对方式有所不同。他将梯子的第一级与倒数第二级加在一起，即 1 + 99 = 100，再将第二级与倒数第三级加在一起，以此类推。

因此，他的求和算式是：

(1 + 99) + (2 + 98) + (3 + 97) + … + (49 + 51)，再加上第 50 级上的 50 只鸽子与第 100 级上的 100 只鸽子。

即：

(49 × 100) + 50 + 100 = 4 900 + 150 = 5 050

与高斯的解法相比，阿尔昆的答案略显麻烦，但算起来更简单，因为乘数是 100 的乘法运算肯定比乘数是 101 的乘法运算简单。如果你像阿尔昆一样，使用的是罗马数字，那么最好还是采用阿尔昆的方法。

这两道题告诉我们，如果我们需要求一连串数字的和，不要古板地一个一个相加，而应该寻找规律并加以利用。

下面是三道非常棒的计算问题，供大家练习。

照镜子

下面两个求和算式，哪一个得数大？

```
987 654 321        123 456 789
087 654 321        123 456 780
007 654 321        123 456 700
000 654 321        123 456 000
000 054 321        123 450 000
000 004 321        123 400 000
000 000 321        123 000 000
000 000 021        120 000 000
+ 000 000 001      + 100 000 000
```

做高斯第二

以下是由 1、2、3 和 4 组成的所有 24 个四位数，按由小到大的顺序排列。请求出所有数的和。

1 234　1 243　1 324　1 342　1 423　1 432

2 134　2 143　2 314　2 341　2 413　2 431

3 124　3 142　3 214　3 241　3 412　3 421

4 123　4 132　4 213　4 231　4 312　4 321

加法表

现在，我们在二维平面上考虑求和问题，大家应该都知道规则。请问，以下数字的和是多少？

1	2	3	4	5	6	7	8	9	10
2	3	4	5	6	7	8	9	10	11
3	4	5	6	7	8	9	10	11	12
4	5	6	7	8	9	10	11	12	13
5	6	7	8	9	10	11	12	13	14
6	7	8	9	10	11	12	13	14	15
7	8	9	10	11	12	13	14	15	16
8	9	10	11	12	13	14	15	16	17
9	10	11	12	13	14	15	16	17	18
10	11	12	13	14	15	16	17	18	19

接下来的三道题堪称数学世界的图像诗。每道题都有9个空格，每个空格可以填入1~9中的一个数字。这些最简单的基本数字（除0以外的阿拉伯数字）组合到一起，给人一种赏心悦目的美感。

在9个空格里填入9个数字，一共有24 192种不同的填法。如果你每秒可以尝试一个组合，那么将所有这些组合全部尝试一遍，需要两周多的时间。因此，你需要想办法排除一些组合。

整整齐齐的 9 个数

魔鬼等式

套在圆圈里的数

本题包括三个部分。在空格里填数，使每个圆圈里的数字之和等于 11。重新填入数字，使各圆圈里的数字之和等于 13。再填一次，使和等于 14。

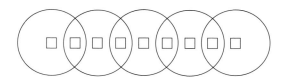

　　1743 年，托马斯·迪尔沃斯（Thomas Dilworth）出版了他的《校长助手——算术实践及理论概要》（*The Schoolmaster's Assistant，Being a Compendium of Arithmetic both Practical and Theoretical*）。后来，这本书成为深受英国人和美国人欢迎的数学教科书。该书中有这样一道题：

　　　　杰克对弟弟哈里说道："我能用 4 个 3 列出一个算式，使得数为 34。你能吗？"

　　答案是：$33 + \dfrac{3}{3} = 34$。

　　迪尔沃斯在他的书中第一次隆重介绍了这类趣题：用 4 个相同的数字列算式，使得数为特定值。在前面三个问题中，出题人给出了运算符号，答题人需要在这些运算符号之间填写数字。而在迪尔沃斯的问题中，数字是已知的，答题人需要在数字间填写运算符号。这类问题最常见的变体是"4 个 4"问题，是人们在迪尔沃斯去世 100 年后首次提出的。1881 年，丘比特·塞恩沙（Cupidus Scientiae）在某一期《知识家》（*Knowledge: an*

Illustrated Magazine of Science）杂志上说："有的读者可能之前没有见过……前些天，我第一次听说，除了19这一个数字以外，从1~20（含）的所有数（以及很多大于20的数）都可以用4个4表示。表达式中可以使用任意运算符号，但是不能使用平方和立方符号，因为这两个符号需要使用其他数字。"

4个4问题虽然非常简单，但是妙趣横生，有一种令人难以置信的吸引力。仅仅使用4、4、4和4这几个数字，就可以算出很多得数，真是太令人吃惊了。不过，我们必须清楚丘比特·塞恩沙说的话，即可以算出哪些数，可以使用哪些符号。

4个4

（1）用4个4算出0~9的所有数字。只允许使用＋、－、

×、÷、括号等基本的数学运算符号。算每个数时，都必须正好使用 4 个 4。

（2）用 4 个 4 算出 10~20 的所有数字。除了基本运算符号以外，还可以使用 √、小数点（也就是说，可以写成 .4），也可以把多个数连到一起（也就是说，可以写成 44、444 或者 4.4）。

（3）现在，热身活动结束，请继续算出 21~50 的所有数字。可以使用指数符号（也就是说，可以写成 4^4）和阶乘符号（比如 4！）。某个数的阶乘表示小于和等于该数的所有正整数的乘积，例如，$4! = 4 \times 3 \times 2 \times 1 = 24$。

我先带领大家热一下身。首先，你可以通过下列方式，用 4 个 4 算出 0：

$4 - 4 + 4 - 4 = 0$

太简单了！接下来，你可以算出 1：

$$\frac{4 + 4}{4 + 4} = 1$$

算到 50 之后，还能再往前推进吗？不仅可以，而且有很大的余地。用上面列出的数学运算符号，我们可以算出 0~100 的几乎所有数，73、77、87 和 99 除外，但"创新"应用更多的数学符号之后，也可以算出这些数，例如：

$\left(\dfrac{4}{4}\right)\% - \dfrac{4}{4} = 99$（因为 4 个 1/4 等于 100%）

罗斯·鲍尔在 1911 年出版的《数学游戏及欣赏》（*Mathematical Recreations and Essays*）中提到了 4 个 4 趣题，并且说他"从未在出版物中见过此类问题，但这些问题似乎早已有之，而且流传甚广"。他还说，用 4 个 4 可以一直算到 170。

在这本书于 1917 年再版之前，他一直在做这方面的研究。他说："如果准许使用整数指数和子阶乘，那么我们可以算到 877。"随后，他补充道："用 4 个 1 可以算到 34，4 个 2 可以算到 36，4 个 3 可以算到 46，4 个 5 可以算到 36，4 个 6 可以算到 30，4 个 7 可以算到 25，4 个 8 可以算到 36，4 个 9 可以算到 130。"只有 4 个 4 最特别，可以得到的结果远胜于其他数字。

还有人走得更远吗？有！20 世纪 20 年代，我们在上一章结尾接及的数学物理学家保罗·狄拉克把 4 个 4 的运算结果扩展至无穷大。

事实上，狄拉克提出的解法是针对当时在剑桥大学风头正劲的 4 个 2 问题，但是这个方法同样适用于 4 个 4 问题。如果允许使用对数，那么任意数 n 都可以表示成 $\log_{\sqrt{4}/4}(\log_4 \sqrt{\cdots\sqrt{4}})$ 的形式，其中 n 是平方根符号的个数。（如果你不知道对数的含义也无须着急，因为你只要知道这个答案不仅简明扼要而且可以随意变换就可以了。）狄拉克非常喜爱数学趣题，可以用一个精巧的公式对一个广为人知的问题进行归纳，他一定感到无比激动。格雷厄姆·法米罗（Graham Farmelo）在他所著的狄拉克传记《最奇怪的人》（*The Strangest Man*）中写道："他使这个游戏失去了存在的意义。"

　　1882年，距《知识家》杂志首次提出4个4问题仅过了一年时间，美国趣味问题设计人萨姆·劳埃德就公开发布了"我们的哥伦布问题"，开创了"利用数字确定运算符号"这种非同寻常的新题型。他悬赏1 000美元（相当于现在的20 000英镑），寻求最佳答案。回应者多达数百万人，但做对的只有两个人。当然，这是劳埃德公开的数据。劳埃德不仅是一位趣题设计人，还非常善于自我推销。我在这里介绍这道题，是为了维持历史的完整性，而不是认为你有能力给出正确答案。不服气的话，就用行动来证明我说错了吧！

我们的哥伦布问题

下面给出了7个数和8个点：

·4·5·6·7·8·9·0·

列出一个加法算式，使答案尽可能地接近82。

点有两种用法：第一，用作小数点；第二，置于一个数字或多个数字上方，表示循环小数。当点位于某一个数字上方时，就表示这个数字无限循环，例如，$\frac{1}{3}$ 可以写成 $0.\dot{3}$，而不用写成 0.333 3…这种形式。如果两个数字上面都有点，则表示从第一个数字开始至第二个数字结束的数字序列无限循环，例如，$\frac{1}{7}$ 可以写成 $0.\dot{1}42\,85\dot{7}$，而不用写成 0.142 857 142 857…这种形式。

热身活动就做到这里吧。但在你做其他题之前，可以先看看下面的题目。

3 和 8

你能用 3、3、8 和 8 这 4 个数，算出 24 吗？

只允许使用 +、−、×、÷ 这 4 个最基本的数学运算符号和括号。

几年前，下面这道题被人们疯狂传播。与它一起流传的还有这样一句话："学龄前儿童解这道题需要 5~10 分钟，程序员以及受教育程度更高的人则需要一小时……不信的话，试试看你就知道了！"我不知道这句话有没有得到科学验证，但我可以确定，听到这句话后，你肯定想试一试。

小孩子的把戏

8 809 = 6	5 555 = 0
7 111 = 0	8 193 = 3
2 172 = 0	8 096 = 5
6 666 = 4	1 012 = 1
1 111 = 0	7 777 = 0
3 213 = 0	9 999 = 4
7 662 = 2	7 756 = 1
9 313 = 1	6 855 = 3
0 000 = 4	9 881 = 5
2 222 = 0	5 531 = 0
3 333 = 0	2 581 = ?

数字可以用来表示数量，例如：一个段落，10个字，三句话。但是，当数字排列到一起时，还可以表示某种先后次序。

接下来的三道题都涉及数列，每道题都要求我们寻找规律，然后说出下一个数应该是多少。

跟着箭头走（1）

77 → 49 → 36 → 18 → ?

下面这道题与本书开头的那道题是同一个人设计的，它们都是芦原伸之的作品。一个数列竟然可以这样循环往复，真是太神奇了！

跟着箭头走（2）

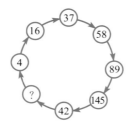

跟着箭头走（3）

$10 \rightarrow 9 \rightarrow 60 \rightarrow 90 \rightarrow 70 \rightarrow 66 \rightarrow ?$

我写作的内容都与数学有关，因此我离不开数字，也离不开文字。在这种情况下，如果一道题可以将数字与文字联系到一起，自然会让我更欢喜。

字典难题

一本字典按照字母顺序收集了 1~1 000 的五次方的所有整数（即 1~1 000 000 000 000 000）。请说出以下条目：

第一个条目。

最后一个条目。

第一个奇数。

排在最后的奇数。

为避免歧义，我对字典遵循的规则做以下说明：

（1）所有单词均采用美式英语拼写规则，略去"and"。例如，2001在字典中写作"two thousand one"，而不是"two thousand and one"。

（2）100写作"one hundred"，1 000写作"one thousand"，以此类推。

（3）空格与连字符忽略不计。例如，"fourteen"排在"four trillion"的前面。

萨姆·劳埃德是最早利用单词表示数字的趣题设计者之一。他的"趣题杂货店"列出了以下商品：

```
    C H E S S
     C A S H
  B O W W O W
    C H O P S
   A L S O P ' S
  P A L E A L E
     C O O L
     B A S S
     H O P S
     A L E S
     H O E S
  A P P L E S
     C O W S
   C H E E S E
  C . H . S O A P
    S H E E P
  ━━━━━━━━━━━
  A L L W O O L
```

我们用 "PEACH BLOWS"（土豆的一种）这10个字母依次代表1、2、3、4、5、6、7、8、9和0这10个数字，即 P = 1，E = 2，A = 3，C = 4，H = 5，以此类推。因此，单词 "CHESS" 代表45 200，"CASH" 代表4 305。如果我们把上面列出的15个单词看作加法算式中的数，这个加法算式的正确答案就是最后那个单词——"ALLWOOL"，即 3 779 887。

劳埃德的这道题设计巧妙，但涉及的数字太多，所以显得有点儿混乱，也使趣味性受损。但是后来，这种设计（把字母换成数字后，一个有意义的表达就变成了一个特定的值）经亨利·恩斯特·杜德尼之手得以完善，进而演变为现在的密码算术、字母算术、覆面算。1924年，杜德尼发布了下面这道题（至今，这道题仍然是同类问题的杰出代表）：

$$
\begin{array}{r}
\text{S E N D} \\
+\ \text{M O R E} \\
\hline
\text{M O N E Y}
\end{array}
$$

要解决这道题，你必须找出使这个求和算式成立的数字（根据题意，每个字母代表不同的数字，而且首位字母都不是0。）

劳埃德比杜德尼大16岁，也是唯一可以在产量与创造性上与杜德尼相提并论的同时代的趣题设计人。这两个隔大西洋相望的人有过书信往来，但后来杜德尼发现劳埃德将他设计的趣题据为己有，便与劳埃德断绝了联系。事实上，这两个人的性格是他们两个国家传统国民形象的典型体现。劳埃德既是一台精力充沛、不知疲倦的趣题制造机器，还是一个典型的企业家，有了好的想法就会申请专利，愿意花钱奖励答题人，成名之后还对自己的传记进行了修饰。而杜德尼则是一个典型的英国乡下人，叼着一个烟斗，脾气很坏。

"SEND MORE MONEY"（再送一点儿钱）是一道流传甚广的趣题，因此我把它也介绍给大家。做这道题时，应该从字母M入手。因为是两个四位数相加，和又是一个五位数，所以这个五位数的首位数只能是1，也就是说，字母M代表1。（最大的四位数是9 999。两个9 999相加，和是19 998，首位数是1。因此，两个四位数相加时，如果和是五位数，其和的首位数不可能大于或等于2。）

$$
\begin{array}{r}
\text{S E N D} \\
+ \quad \text{1 O R E} \\
\hline
\text{1 O N E Y}
\end{array}
$$

要使S + 1 = 1O（其中O是大写字母，而不是0）成立，要么S = 9，要么S = 8且从百位进1。假设S = 8且从百位进1（百位有进位，意味着大写字母O只能是0），算式就会变成：

$$
\begin{array}{r}
\overset{1}{8} \text{E N D} \\
+ \quad \text{1 O R E} \\
\hline
\text{1 O N E Y}
\end{array}
$$

为看得清楚，我把进位的1标在8的上方。如果加法算式成立，那么根据百位上的情况，要么E + 0 = 10 + N，要么1 + E + 0 = 10 + N（从十位进1）。这两个等式中的10表示向千位进1。前一个等式意味着E和N之间的差是10，由于E和N均小于10，所以这种情况不可能发生。后一个等式意味着E – N = 9，因此E只能等于9，且N只能等于0。但是，我们已经知道大写字母O等于0，且不同字母代表不同的数字。因此，1 + E + 0 = 10 + N这种情况也不可能发生。由此可见，S = 9。接下来的工作就交给大家完成了。（答案详见书后。）

字母算术题比比皆是，但是下面这一道深得我的喜爱，因为它就是莎士比亚戏剧《麦克白》（*Macbeth*）中的那句名言（Double, double toil and trouble）的完美翻版，唯一的区别在于"toil"和"trouble"之间少了一个"and"。但是，如果把加号换到一个巧妙的位置……

三个女巫

确定各个字母代表的数字，使加法算式成立：

$$
\begin{array}{r}
DOUBLE \\
DOUBLE \\
TOIL + \\
\hline
TROUBLE
\end{array}
$$

再来一道字母算术题，这道题设计新颖，有令人难以抗拒的吸引力。

奇数和偶数

在下面这个乘法竖式中，每个 E 都表示一个偶数，每个 O 都表示一个奇数。换言之，每个 E 代表 0、2、4、6、8 这 5 个数字中的一个，而每个 O 代表 1、3、5、7、9 这 5 个数字中的一个。但是，E 可以代表不同的数字，尽管它也可能代表相同的数字。你能还原这个乘法竖式吗？（个位上的空格表示这个位置上是一个 0。但是，0 这个数字容易与 O 混淆，因此算式中略去了这个符号。也就是说，乘法竖式在这个位置上的数肯定是 0，因此不需要做推断。）

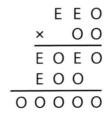

这道题是数学教授、魔术师威廉·菲奇·切尼（William Fitch Cheney）于20世纪60年代初设计出来的，随后刊登在马丁·伽德纳（Martin Gardner）在《科学美国人》（*Scientific American*）杂志上主持的"数学游戏"专栏上。如果说萨姆·劳埃德是美国最伟大的趣题设计者，伽德纳就是美国最伟大的数学趣题推广者。伽德纳开在《科学美国人》杂志上的专栏持续了20多年。借助这个专栏，以及他出版的几十本专著，伽德纳收集、介绍了大量的数学趣题，数量之多，无人能及。此外，他还是一个人数众多的非正式趣题爱好者组织的核心人物（菲奇·切尼也是该组织的成员），他的专栏成了这些爱好者奇思妙想的展示舞台。

下面这道题的设计者李·赛洛斯（Lee Sallows）是一位数学文字游戏大师，无数人通过马丁·伽德纳的介绍接触到赛洛斯的作品。在我看来，这个设计巧妙的自描述填字游戏（self-enumerating crossword）无疑是一件艺术品。

自带提示信息的填字游戏

在下图所示的填字游戏中，每个条目都遵从以下格式：
（数字）（空格）（字母）（S）

同时，每个条目都准确地反映了某个字母在整个填字网格中出现的次数。

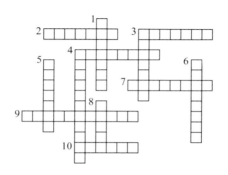

例如，如果字母"Q"在这个网格中一共只出现 1 次，就必然有这样一个条目：

"ONE Q"（1 个 Q）

如果网格中有 5 个"P"、17 个"E"，就必然有下面这两个条目：

"FIVE PS"（5 个 P）

"SEVENTEEN ES"（17 个 E）

换言之，每个条目都是由数词、空格和该条目所涉及的字母构成的。如果该字母出现不止一次，则条目末尾处还要加上"S"。每个条目关于该字母在网格中出现次数的描述都是正确的。

请通过逻辑推理，完成这个填字游戏。

　　这个填字游戏把提示信息巧妙地植入了填字空格。整个网格一共涉及12个字母，每个字母对应一个条目。

　　为了方便大家做题，我先告诉你如何填入前三个字母。纵8只有5个空格，因此它只能是"ONE*"的形式，其中"*"代表一个字母。（记住，只要条目中包含的数词大于1，整个条目就至少要占6个空格，因为还需要在条目的末尾添加表示复数的"S"。）

　　接下来，就靠你自己了。

　　如果填字游戏可以自带提示信息，那么数字是否可以呢？

　　我告诉大家一个办法。例如，数字1 210就自带提示信息：第一位数（即1）表明了0的个数，第二位数（2）表明了1的个数，第三位数（1）表明了2的个数，第四位数（0）则告诉我们这个数字里有几个3。如果把1 210这个数填写到表格中，就可以清楚地看出它有自我描述的特点。

0	1	2	3
1	**2**	**1**	**0**

　　表格第二行中的每个数字分别表示它上方的数字在第二行中出现的次数。

　　像1 210这样的数字叫作自传数（autobiographical number）。这类数字的第一位数表示该数字中含有0的个数，第二位数表示1的个数，第三位数表示2的个数，以此类推。四位数中的自传数只有两个，即1 210和2 020。

五位数中的自传数只有一个，即21 200。

0	1	2	3	4
2	**1**	**2**	**0**	**0**

这个数含有2个0，1个1，2个2，0个3，0个4。

明白了吗？下面开始做题吧。

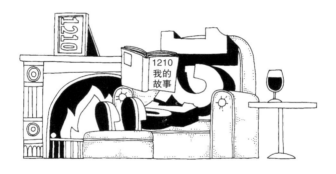

十位数中的自传数

十位数中的自传数只有一个，请找出这个数。

我们把这个数填入下表第二行的空格中。填入的每个数都与它上方的阿拉伯数字在这个自传数中出现的次数一致。

0	1	2	3	4	5	6	7	8	9

包含1、2、3、4、5、6、7、8、9、0这10个阿拉伯数字的数叫作泛迪吉多数（pandigital number），例如1 234 567 890。（泛迪吉多数的首位不能为0。）

泛迪吉多数引发的混乱

十位的泛迪吉多数有多少个？

十位的泛迪吉多数有一个非常有趣的特点：它们都可以被3整除。

学校老师教过我们验证一个数是否可以被3整除的方法。我们把一个数的所有数位上的数字相加，如果和可以被3整除，这个数就可以被3整除。

在十位的泛迪吉多数中，所有10个阿拉伯数字都只能出现一次。所有位数相加，就会得到$1 + 2 + 3 + 4 + 5 + 6 + 7 + 8 + 9 + 0 = 45$。45可以被3整除，说明所有十位的泛迪吉多数都可以被3整除。太棒了！

此外，还有一些整除验证方法，但是知名度没有那么高：

被 4 整除的验证方法：如果一个数的最后两位可以被 4 整除，该数就可以被 4 整除。

被 8 整除的验证方法：如果一个数的最后三位可以被 8 整除，该数就可以被 8 整除。

想知道这两个验证方法为什么有效吗？

不想知道？好吧，不管你想不想知道，都不影响你在做下面这道题时应用这些方法。

泛迪吉多数与泛整除性

找出符合下列条件的十位泛迪吉多数 $a\,bcd\,efg\,hij$：

a可以被 1 整除；

ab可以被 2 整除；

abc 可以被 3 整除；

a bcd 可以被 4 整除；

ab cde 可以被 5 整除；

abc def 可以被 6 整除；

a bcd efg 可以被 7 整除；

ab cde fgh 可以被 8 整除；

abc def ghi 可以被 9 整除；

a bcd efg hij 可以被 10 整除。

问题中列出的这些条件最终指向一个唯一的答案，因此给人一种雅致简约的美感。你可能需要准备一个计算器，但这不会破坏你做题的感觉。

心中默想一个数。

这个数必须是一个三位数，并且它的首位和末位之差不得小于 2，例如 258。

把这个数前后颠倒，然后求两个数的差。

还是以 258 为例，852 − 258 = 594。

把求得的差前后颠倒，然后与自身相加：594 + 495。

最后得数是 1 089。

现在，请重新想一个数，然后重复上述步骤：前后颠倒、求两数之差、前后颠倒、求和，得数是多少呢？

没错，答案仍然是 1 089。

不管你最初想的那个三位数是几，最终你都会得到 1 089。第一次玩这个游戏的时候，你肯定会觉得不可思议。

但 1 089 在算术研究中值得关注，不只是这一个原因。

1 089 与它的同类数

1 089 乘以 9 之后，各个数位的次序正好前后颠倒：

1 089 × 9 = 9 801

你能找到与 4 的乘积正好是它自身前后颠倒的四位数吗？换句话说，找到满足下列条件的数 *a bcd*：

a bcd × 4 = *d cba*

102 564 与 4 的乘积也有一个令人惊讶的特点：

102 564 × 4 = 410 256

有没有看出其中的玄机？ 102 564 的末位数变成了 410 256 的首位数，而其余数字的先后次序不变。也就是说，102 564 乘以 4 后，乘积是由相同的一组数字组成的，但是原来排在末位的数在乘积中变成了首位数。

下面这个等式也有同样的变化。

142 857 × 5 = 714 285

第一个数的末位数，即 7，变成了得数的首位数，而其余各个数位上的数保持不变。

末位数变首位数

N乘以2之后，乘积的位数与N相同，N的末位数正好是乘积的首位数，其余所有位数的先后次序不变。你能找出一个符合条件的N吗？

（换句话说，N乘以2之后，会发生102 564乘以4以及142 857乘以5之后的变化。）

英国著名物理学家弗里曼·戴森（Freeman Dyson）在出席一个科学会议时，听到餐厅里有人讨论这个问题。

于是，他忍不住插嘴道："这个问题不难，但是符合条件的数最少是一个18位数。"

《纽约时报》称，戴森的同事们听到这句话后都惊呆了，他们不知道"戴森是如何得出这个结论的，更令人吃惊的是，他在听到问题后仅用了两秒钟的时间就给出了这个答案"。

戴森的结论是正确的，而且只需要小学数学知识就可以解开这道题。

随着本书写作的不断深入，我们讨论的数字也变得越来越大了。事实上，有的数字太大了，以至于我们没有足够的篇幅写出这些数。

9 次幂

下面给出的 9 个数，分别是 31^9、32^9、33^9、34^9、35^9、36^9、37^9、38^9 和 39^9 的最后四位数，但是先后次序被打乱了。

你能将这些数按照由小到大的顺序排列吗？

··· 2 848

··· 5 077

··· 1 953

··· 6 464

··· 8 759

··· 8 832

··· 0 671

··· 1 875

··· 8 416

看到下面这道题，你会认为计算 39^9 的难度其实不值一提。

指数变成 64 后

估算 2^{64} 的值。

在本书的最后一个数亮相之后，就连 2^{64} 也显得微不足道。

好多好多的 0

数字 100！最后有多少个 0？

我在前文中讨论过阶乘的概念。100！是指 100 与所有小于它的正整数的乘积，也就是说，它等于 $100 \times 99 \times 98 \times 97 \times 96 \times \cdots \times 3 \times 2 \times 1$。不要真的把这个答案计算出来（它有 158 位数），而是运用你的数学头脑，想一想末尾的那些 0 是怎么来的。

你连 11 岁的孩子都不如吗？

（1）D

从这三幅图可以看出，立方体上有 6 个字母，分别是：I、K、M、O、U、P。因为立方体有 6 个面，所以不会再有其他字母。从立方体的第一个视图可以看出，字母 I 和 M 分别与 K 有一条公共边。第二幅图告诉我们，字母 O 和 U 分别与 K 有一条公共边。与 K 有公共边的一共只有 4 个面。在第一幅图中，字母 K 位于立方体顶部，I 右侧的相邻字母是 M。根据第二幅图，我们可以推断出，当 K 位于立方体顶部时，O 右侧的相邻字母是 U。由此可见，围绕 K 顺时针方向的 4 个面依次是 M、I、U、O。也就是说，M 在 U 的正对面。

（2）D

撒谎 9 次之后，匹诺曹鼻子的长度是 $2^9 \times 5$ 厘米 ＝ 512×5 厘米 ＝ 25.6 米，网球场的长度是 23.8 米，两者比较接近。然而，根据莱斯特大学跨学科研究中心 2014 年的一份报告，这个长度远不及匹诺曹的鼻子实际可达的最大长度。该中心估计，如果匹诺曹的木质脑袋质量为 4.18 千克，鼻子最初的长度为 1 英寸（2.54 厘米），质量为 6 克，那么在匹诺曹撒谎 13 次后，它的鼻子才会断裂，此时鼻子的长度为 208 米。

（3）C

"eighteen"（18）有8个字母，不是8的倍数。

（4）D

艾米在本和克里斯的左侧，这三个人的排序是艾米、本、克里斯，或者艾米、克里斯、本。根据题意，我们只能知道这些信息，所以D肯定是正确的。其他表述都不一定成立，B有可能是正确的。

（5）E

要找出本题的答案，我们可以反复尝试，也可以找出其中的规则。因为笔尖不能离开纸，而且线条不能重复，所以在图形中有奇数条线经过同一点的情况最多出现两次，只有E满足这个条件。

（6）B

我希望你至少会背七七乘法表！这样一来，你肯定知道35可以被7整除，由此可见，350 000同样可以被7整除。同理，因为49可以被7整除，所以4 900肯定也可以被7整除。由于354 972 = 350 000 + 4 900 + 72，所以我们只需知道72除以7的余数，就可以得到本题的答案。因为7 × 10 = 70，所以72除以7的余数是2。

（7）C

这一家至少有两个男孩，因为如果只有一个男孩，他就没有兄弟，这与题意不符。同样，女孩也至少有两个，所以孩子总数至少是4。

（8）E

随便找张纸，列出下面这个有趣的乘法竖式，问题即可迎刃而解。

$$
\begin{array}{r}
987654321 \\
\times\ 9 \\
\hline
8888888889
\end{array}
$$

（9）A

我希望上面用的那张纸上还有一些空间。本题需要完成下列计算：$p = 105 - 47 = 58$；$q = p - 31 = 58 - 31 = 27$；$r = 47 - q = 47 - 27 = 20$；$s = r - 13 = 20 - 13 = 7$；$t = 13 - 9 = 4$；$x = s - t = 7 - 4 = 3$。

（10）A

如果不让大家使用除法，是不是显得我太小气了呢？ $20/11 = 1.818\,181\cdots$，由此可以看出一共只有两个不同的数字。

卷心菜、花心丈夫和斑马

② 三个男人和他们的妹妹

9次过河法的具体过程如下图所示。采用这种方法过河，9次中至少有6次需要女人动手划船，甚至全部9次都由女人划船也无不可，这大大减弱了问题中的大男子主义。简言之，第一、第二、第三对兄妹依次过河，而且三次都是哥哥先下船，将妹妹独自留在船上。

左岸		右岸
1）兄$_2$兄$_3$妹$_2$妹$_3$	兄$_1$妹$_1$ →	
2）兄$_2$兄$_3$妹$_2$妹$_3$	← 妹$_1$	兄$_1$
3）兄$_2$兄$_3$妹$_3$	妹$_1$妹$_2$ →	兄$_1$
4）兄$_2$兄$_3$妹$_3$	← 妹$_2$	兄$_1$妹$_1$
5）兄$_3$妹$_3$	兄$_2$妹$_2$ →	兄$_1$妹$_1$
6）兄$_3$妹$_3$	← 妹$_2$	兄$_1$妹$_1$兄$_2$
7）兄$_3$	妹$_2$妹$_3$ →	兄$_1$妹$_1$兄$_2$
8）兄$_3$	← 妹$_3$	兄$_1$妹$_1$兄$_2$妹$_2$
9）	兄$_3$妹$_3$ →	兄$_1$妹$_1$兄$_2$妹$_2$

条件更苛刻时，上述第二步是不允许的，因为第一对兄妹中的妹妹返回左岸时，她将在哥哥不在场的情况下独自面对没有血缘关系的男性。在这种情况下，最快的渡河方案需要11次才能完成。狼、羊和卷心菜问题告诉我们，要实现全部过河这个目标，其中一方需要来回渡河3次。在这道题中，我们需要先把所有女人送过河，再让她们全部回来一次，最后再把她们全部送过河。

下图展示的是一种可行方法：

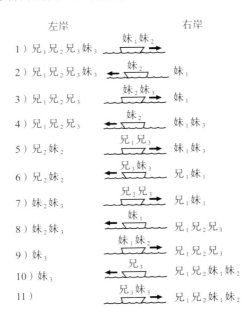

这个方法是阿尔昆想出来的（在他的版本中，一男一女是夫妻关系），而且被写成了两句拉丁语六步格诗，大意是：

二女，一女，二女，一女，二男，夫妻俩，

二男，一女，二女，一男，夫妻俩。

③ 过桥

我在正文中提到的方法是让通行速度最快的约翰逐一陪着他的三个朋友过桥。他陪保罗过桥用时2分钟，返回用时1分钟。他陪乔治过桥用时5分钟，返回用时1分钟。最后他陪林戈过桥用时10分钟。所需时间总计为：$2 + 1 + 5 + 1 + 10 = 19$分钟。

乍一看，这种方法效果最好。既然约翰的速度最快，为什么不让他多跑几次呢？但这个方法并非最佳答案，因为让速度比较慢的两个人同行，可以取得更好的效果。具体方法如下：

（1）约翰陪保罗过桥用时2分钟，返回用时1分钟。

（2）乔治和林戈一起过桥，用时10分钟。

（3）他们把手电筒交给保罗，由保罗带回到桥的另一边，这个过程用时2分钟。

（4）最后约翰和保罗一起过桥，用时2分钟。

时间总计为：$2 + 1 + 10 + 2 + 2 = 17$分钟。

这道题非常奇妙，因为减少约翰的参与似乎是一个错误的做法，但最终却是正解。看到答案，真的会忍不住发出惊叹声。

让两个最慢的人同行为什么可以取得更好的效果呢？为便于理解，我们不妨假设乔治过桥需要24小时，林戈需要24小时1分钟。这样一来，我们就会清楚地知道应该让乔治和林戈分享手电筒，只有这样才能把耗时24小时的过桥次数降至1次。

④　双重关系

这两个人的儿子是叔侄关系，而且每个人都同时是另一个人的叔叔和侄子。问题非常"简单"，却足以让人晕头转向！我们假设这两个人分别叫作阿尔伯特和伯纳德，他们的儿子分别叫作史蒂夫和特雷弗。下图是他们的家族树。

伯纳德和史蒂夫的母亲是同一个人，因此他们是兄弟关系，伯纳德的儿子特雷弗则是史蒂夫的侄子。

同样，阿尔伯特和特雷弗也是兄弟关系，因此史蒂夫是特雷弗的侄子。

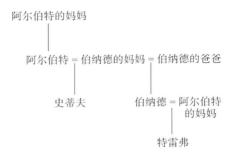

考虑到伯纳德的妈妈嫁给了阿尔伯特，所以伯纳德妈妈的婆婆是阿尔伯特的妈妈，这让本来就令人困惑的家庭关系变得更加扭曲了。既然阿尔伯特的妈妈变成了伯纳德的祖母，那么伯纳德娶的就是他自己的祖母，也就是说，他是他自己的祖父。

⑤ 晚宴

最少只有一位客人。

下图揭示了这个奇怪家庭的成员关系。州长的父亲是C先生，所以州长请的客人是州长父亲的妹夫（姐夫）。同样，对这位客人的其他描述都是从不同的角度，包括从州长的哥哥或弟弟（E先生）、州长的岳父（B先生），以及州长的姐夫或妹夫（D先生）等角度来介绍他与州长之间的关系。

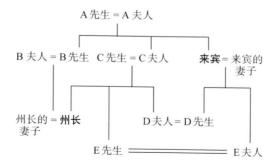

⑥　谁在说谎

我们在判断谁在说真话、谁在说谎话时，不能产生自相矛盾的结果。

假设波尔塔说的是真话，葛丽塔就在撒谎，进而可以推断罗莎说的一定是真话。但是，如果罗莎说的是真话，就说明波尔塔和葛丽塔都在说谎，这就自相矛盾了。所以波尔塔说的不是真话。

既然波尔塔在说谎，葛丽塔说的就是真话，也就是说罗莎在撒谎。如果罗莎在撒谎，那么波尔塔和葛丽塔中至少有一个人说的是真话，这句话是成立的。所以，波尔塔和罗莎在撒谎，而葛丽塔说的是真话。这个结论在逻辑上不矛盾，是本题的正确答案。

⑦　史密斯、琼斯和罗宾逊

我告诉过你们，与警卫住得最近的邻居的收入正好是警卫的三倍，这意味着与警卫住得最近的邻居不可能是琼斯先生，因为琼斯先生的工资无法三等分。此外，与警卫住得最近的邻居也不是罗宾逊先生，因为警卫住在利兹和设菲尔德之间，而罗宾逊先生住在利兹。因此，与警卫住得最近的邻居，与警卫一样也住在"利兹和设菲尔德之间"的那位乘客，一定是史密斯先生。如下图所示，我们可以在右边方格图右上方的方格里打个钩。同时，我们还可以推断琼斯先生住在设菲尔德,因为这是剩下的唯一选择。

与警卫同名的那名乘客住在设菲尔德,我们又知道琼斯先生住在设菲尔德,所以警卫肯定是琼斯。如左图所示,我们可以在琼斯/警卫的方格里打上钩,然后在同行及同列的其他方格里打叉,因为琼斯不可能从事其他职业,另外两个人也不会是警卫。

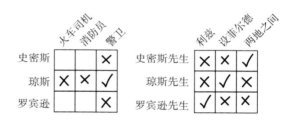

史密斯的台球水平比消防员好,这条线索说明史密斯不是消防员。(罗宾逊肯定是那名消防员。)所以我们可以在史密斯/消防员的方格里打上叉。我们已经知道史密斯不是警卫,因此,根据排除法可知,史密斯就是那名火车司机。

⑧ 圣丹德海德学校

我们可以对全体人员逐一进行排查,每次假设一名女生在电影院,然后统计撒谎女生的数量,从而找出去看电影的那个女生。

例如，假设琼·贾金斯去看电影了。她回答说看电影的是琼·特威格，显然这是不真实的。同理，格蒂·盖斯的陈述也是假的。不过，贝茜和莎莉说的一定是真话。把这些信息标记到表格上，就可以更清楚地看出其中的规律。在下页的表格中，第一行显示了去电影院的女生是琼·贾金斯时所有陈述的真假情况，第二行显示了去电影院的女生是格蒂·盖斯时所有陈述的真假情况，以此类推。最后一列统计了虚假（即不真实）陈述的总数。如果T为真，F为假，那么第一行前几列的结果是F、F、T、T。全部完成后，表格就会如下页图所示。

如果至少有7个人的陈述是不真实的，那么多萝西·史密斯肯定是那个看电影的女生。

⑨ 亲属关系问题

题目中出现了5个男人，分别是詹金斯、汤姆金斯、帕金斯、沃特金斯和西姆金斯。为了简单起见，我们分别叫他们J、T、P、W和S。另外，还出现了5个女人，她们是这5个男人的妻子或母亲（但她们不会是同一个人的妻子和母亲。金斯利代尔的爱情虽然比较奇怪，但也没有奇怪到这种地步）。接下来，我们通过血缘关系来确定这些女人的身份，用小写字母表示母亲，例如 j 是J的母亲，t 是T的母亲，以此类推。

我们需要画一个表格。上面一行填入5个男人的名字，下面

陈述

谁在电影院	琼·贾金斯	格蒂·盖斯	贝茜·布阴特	莎莉·夏普	玛丽·史密斯	多萝西·史密斯	凯蒂·史密斯	琼·特威格	琼·福赛特	劳拉·兰姆	弗洛拉·弗卢梅里	虚假陈述总数
琼·贾金斯	F	F	F	F	F	T	T	F	T	F	T	5
格蒂·盖斯	F	T	F	F	F	F	T	F	T	F	T	6
贝茜·布阴特	F	F	T	T	T	T	T	T	F	F	T	5
莎莉·夏普	F	F	T	T	F	T	F	F	F	T	T	5
玛丽·史密斯	F	F	T	T	F	T	F	F	T	T	F	6
多萝西·史密斯	F	F	T	T	F	T	F	F	T	T	F	8
凯蒂·史密斯	T	F	T	F	F	T	T	F	F	T	F	6
琼·特威格	F	F	T	T	F	T	T	F	T	F	T	6
琼·福赛特	F	F	T	T	F	T	T	F	T	F	T	5
劳拉·兰姆	F	F	T	T	F	T	T	F	F	F	T	5
弗洛拉·弗卢梅里	F	F	T	T	F	T	T	F	T	F	T	5

答　案

一行填入他们的妻子的名字，所以一开始的时候，下面一行是空白的。詹金斯的继子是汤姆金斯，说明詹金斯夫人是汤姆金斯的母亲，所以我们可以把 t 填在 J 的下面。

男人　J　T　P　W　S
妻子　t

我们还知道汤姆金斯是帕金斯的继父，也就是说汤姆金斯夫人是帕金斯的母亲。所以，我们在 T 的下面填入 p。

男人　J　T　P　W　S
妻子　t　p

根据题意，詹金斯的母亲是沃特金斯夫人的朋友，所以我们知道，沃特金斯夫人不是詹金斯的母亲。由于沃特金斯夫人也不可能是沃特金斯的母亲，因此，她只能是西姆金斯的母亲。

男人　J　T　P　W　S
妻子　t　p　　　s

最后，我们还知道沃特金斯夫人的婆婆（也就是沃特金斯的母亲）是帕金斯夫人的表姐妹，因此，帕金斯的妻子不是沃特金斯的母亲。既然这样，那么她只能是詹金斯的母亲。通过连续使用排除法，我们知道西姆金斯的妻子只能是沃特金斯的母亲。

男人　J　T　P　W　S
妻子　t　p　j　s　w

所以，西姆金斯的继子是沃特金斯。

⑩　斑马问题

这是一道表格智力题，所以我们先画出表格。一共有5间房子，涉及5种特征，所以画好的表格应该如下表所示。

我们根据每个语句逐步填写这些空格。

第9句说，住在正中间房子里的人喜欢喝牛奶，所以我们可以在第三列的饮料一格填入"牛奶"。第10句说丹麦人住在第一间房子里，所以在第一列的国籍一格里填入"丹麦"。第15句说丹麦人隔壁的房子是蓝色的，所以在第二列房子一格里填入"蓝色"。

	房子1	房子2	房子3	房子4	房子5
颜色		蓝色			
国籍	丹麦				
宠物					
饮料			牛奶		
鞋					

第6句告诉我们绿色房子和象牙色房子彼此相邻。因此，第一间房子不可能是绿色或象牙色的。但是，第一间房子也不可能是红色的，因为第2句告诉我们苏格兰人住在红色房子里，而我们知道丹麦人住在第一间房子里。因此，我们可以推断出第一间房子是黄色的。根据第8句，这间房子里的人穿的是橡胶底鞋。再结合第12句，我们知道第2间房子里有一匹马。

	房子1	房子2	房子3	房子4	房子5
颜色	黄色	蓝色			
国籍	丹麦				
宠物		马			
饮料			牛奶		
鞋	橡胶底鞋				

丹麦人喜欢喝什么饮料呢？第4句排除了咖啡，第5句排除了茶，第9句排除了牛奶，第13句排除了橙汁，所以丹麦人肯定喜欢喝水。

住在第2间房子里的人是谁？他肯定不是苏格兰人，因为房子是蓝色的；也不是希腊人，因为这间房子里的宠物是一匹马。因此，他或者是玻利维亚人，或者是日本人。但是，如果是日本人，那他喜欢喝什么饮料呢？不是水，不是牛奶，不是咖啡（第4句），也不是茶（第5句），所以日本人喜欢喝的饮料只能是橙汁。但是，根据第13句，他穿的是拖鞋，这与第14句相矛盾，因为第14句说日本人穿的是人字拖。所以，住在第2间房子里的肯定是玻利维亚人，而且他喜欢喝茶。

	房子1	房子2	房子3	房子4	房子5
颜色	黄色	蓝色			
国籍	丹麦	玻利维亚			
宠物		马			
饮料	水	茶	牛奶		
鞋	橡胶底鞋				

根据第6句，绿色房子和象牙色房子彼此相邻，这意味着红色房子只能是第3间或第5间。我们假设它是第5间，那么苏格

兰人就住在这间房子里，第4句告诉我们他喜欢喝橙汁，第13句说他穿拖鞋。但是，如果是这样，第7句说的穿着粗革皮鞋的蜗牛主人是谁呢？他不是穿橡胶底鞋的丹麦人，不是养马的玻利维亚人，不是第3句说的养狗的希腊人，也不是第14句说的穿人字拖的日本人。所有国籍都不符合条件！所以，我们可以得出结论，第3间是红色房子，里面住的是苏格兰人。根据第6句，我们知道第4间和第5间房子分别是象牙色和绿色的。第4句说住在第5间房子里的人喝咖啡，由此可见，喝橙汁的人肯定住在第4间。根据第13句，穿拖鞋的人也住在第4间。

	房子1	房子2	房子3	房子4	房子5
颜色	黄色	蓝色	红色	象牙色	绿色
国籍	丹麦	玻利维亚	苏格兰		
宠物		马			
饮料	水	茶	牛奶	橙汁	咖啡
鞋	橡胶底鞋			拖鞋	

　　根据第14句，穿人字拖的日本人不可能住在第4间，因此他只能住在第5间，而住在第4间的只能是养狗的希腊人。

	房子1	房子2	房子3	房子4	房子5
颜色	黄色	蓝色	红色	象牙色	绿色
国籍	丹麦	玻利维亚	苏格兰	希腊	日本
宠物		马		狗	
饮料	水	茶	牛奶	橙汁	咖啡
鞋	橡胶底鞋			拖鞋	人字拖

现在，表格里剩余的空格应该如何填写已经很清楚了：穿粗革皮鞋的蜗牛主人一定是苏格兰人，玻利维亚人穿的是勃肯鞋；根据第11句，丹麦人肯定养了一只狐狸。最后剩下的那个空格只能是斑马，它的主人是日本人。

	房子1	房子2	房子3	房子4	房子5
颜色	黄色	蓝色	红色	象牙色	绿色
国籍	丹麦	玻利维亚	苏格兰	希腊	日本
宠物	狐狸	马	蜗牛	狗	斑马
饮料	水	茶	牛奶	橙汁	咖啡
鞋	橡胶底鞋	勃肯鞋	粗革皮鞋	拖鞋	人字拖

你也可以用其他方法填写表格，但最终结果肯定跟这个一模一样！

⑪　凯利班的遗嘱

这个问题该从何处入手呢？我们先回顾一下那三句话：

（1）任何见过凯利班打绿色领带的人都不得在洛之前挑选。

（2）如果1920年Y.Y.不在牛津，那么曾借雨伞给凯利班的人不能第一个挑选。

（3）如果Y.Y.或"批评家"拥有第二选择权，那么"批评家"要排在第一个坠入爱河的人前面。

我们的任务是找出洛、Y.Y.和"批评家"挑选凯利班赠书的先后次序。本题有一个关键条件：在解决这个问题时，每个语句都应该是必不可少的。换句话说，每个语句都必须包含有用的信息。只要有一句话在解题过程中没有给我们提供任何有用的信息，最后的答案就是错误的。

为了让语句（1）给我们提供信息，Y.Y.和"批评家"中必须至少有一人见过凯利班打着一条绿色领带。如果他们两个人都没见过，这句话就是多余的。因此，我们可以推断，洛不可能排在第三位，因为见过凯利班打着绿色领带的人必须排在他后面。

接下来，我们看语句（2）。如果Y.Y.在牛津，那么语句（2）将不能提供任何与排序有关的信息，所以我们可以认定Y. Y.不在牛津。此外，如果没有人曾借伞给凯利班，那么这句话仍然是多余的，因此可以认定有人曾借伞给凯利班。

那么，是谁把伞借给了凯利班呢？如果借伞给凯利班的是洛，那么从语句（2）可知，洛不能排第一位。我们根据语句（1）已经知道洛不排在最后一位，所以洛只能排在第二位。但是，如果洛排第二位，语句（3）就是多余的，因为只有当Y.Y.或者"批评家"排第二时，语句（3）才能提供有用的信息。由此可见，借伞给凯利班的肯定不是洛。

如果Y.Y.和"批评家"都曾借伞给凯利班，那么根据语句（2）可知洛排第一位，根据语句（3）可知"批评家"排第二位，Y.Y.排第三位，而语句（1）又成了多余的。因此，Y.Y.和"批评家"当中只有一个人曾借伞给凯利班。同理，如果Y.Y.和"批评家"都见过凯利班打着绿色领带，从语句（1）可知洛排在第一位，而语句（2）是多余的。因此，看到凯利班打着绿色领带的要么是Y.Y.，要么是"批评家"，而不是两个人都见过。

假设Y.Y.见过凯利班打着绿色领带，并且曾借伞给凯利班。根据语句（1），我们知道Y.Y.不可能排在第一位，否则语句（2）就是多余的。因此，如果Y.Y.见过凯利班打着绿色领带，他就不曾借伞给凯利班。也就是说，借伞的人是"批评家"。同理，如果"批评家"见过凯利班打着绿色领带，由逻辑推理可知，Y.Y.肯定是借伞给凯利班的人。

在这两种情况下，洛都必须排在第一位。如果是这样，根据语句（3）可知，Y.Y.肯定是第一个坠入爱河的人，所以最终的排序是洛、"批评家"、Y.Y.。

⑫　三角枪战

三角枪战是逻辑问题中的一道经典题目。这道题的答案绝对违背了我们的直觉，也堪称和平主义的典范，因为丑陋获得最大生还机会的正确做法是第一枪不要瞄准任何人。

丑陋肯定不能瞄准邪恶。如果丑陋打死了邪恶，随后就会被百发百中的善良击毙。

如果丑陋瞄准善良，先干掉枪法最准的对手，结果会怎么样呢？如果丑陋杀死了善良，决斗就会继续在丑陋和邪恶之间进行。在这种情况下，丑陋未必会被杀死，但从概率看，情况对他不利。邪恶的枪法比丑陋好，而且拥有先开枪的优势。事实上，丑陋生还的概率为1/7，约等于14%。

［计算过程：邪恶一枪制胜的概率是2/3，两枪制胜的概率是（2/3）×（1/3）×（2/3），三枪制胜的概率是（2/3）×（1/3）×（2/3）×（1/3）×（2/3），以此类推。对这个无穷级数求和，得数是6/7。因此，丑陋最后生还的概率是1/7。］

如果丑陋没有打中善良，接下来就轮到邪恶开枪了。邪恶将瞄准善良，并且有2/3的概率杀死他。如果成功，决斗就会变成丑陋和邪恶两人之间的较量，不过这一次丑陋率先开枪。他获胜的概率略高于1/3，准确地说，是3/7或43%。如果邪恶没有打中善良，善良接下来就会杀死邪恶，把三角枪战变成丑陋和善良的决斗，由丑陋先开枪。在这种情况下，丑陋生还的概率正好是1/3。

换句话说，丑陋未打中任何一个对手的预测生还概率高于他直接杀死对手的预测生还概率。因此，他必须尽最大努力不要打中对手，最好的办法就是朝天开枪。

事实上，只要丑陋不打中那两名对手，他的生还概率就是三个人中最高的。我就不用概率计算来为难你们了，直接把计算结果告诉你们：丑陋有40%的概率成为最后的生还者，邪恶的生还概率约为38%，而善良的生还概率大约只有22%。

这个故事告诉我们，只要有可能，一定要让最危险的对手自相残杀。

⑬ 苹果和橙子

一共有三个盒子，分别贴有"苹果""橙子""苹果和橙子"的标签，我们必须从其中一个盒子里取出一个水果。

我们先看看从每个盒子里拿一个水果会出现哪些可能的结果。比如，我们从贴有"苹果"标签的盒子里拿出一个水果。如果是苹果，我们就知道盒子里肯定有苹果和橙子。这个盒子里不可能只装有苹果，因为我们知道所有标签都贴错了，而这个盒子的标签上写着"苹果"。现在，还有两个盒子，其标签分别是"橙子"和"苹果和橙子"。里面的水果只有两种可能：一个盒子只装有橙子，另一个只装有苹果。贴有"橙子"标签的盒子里不可能装有橙子，因为标签是错的，所以它肯定装有苹果，而贴有"苹果和橙子"标签的盒子里只能装有橙子。至此，我们已经正确地确定了这三个盒子里的水果。太棒了！看来我们已经解决了这个问题。但是，现在高兴还为时过早，因为选择贴有"苹果"标签的盒子之后，从中拿出来的水果也有可能是橙子。如果我们从贴有"苹果"标签的盒子中取出的是橙子，那么盒子里装着的可能是橙子，也可能是苹果和橙子，我们没有办法确定。同样，如果我们选择贴有"橙子"标签的盒子，那么从盒子里拿出来的可能是一个苹果。此时，我们无法确定盒子里装着的到底是苹果，还是苹果和橙子。

要解决这个问题，我们必须选择贴有"苹果和橙子"标签的盒子，并从中取出一个水果。事实上，你不必完成上一段介绍的推理过程，就已经可以断定应该选择这个盒子了。如果某个智力题要求我们从三种选择中找出唯一正确的解决方案，且三个选项中有两个是可以互换的，就像本题中贴有"苹果"和"橙子"标签的盒子一样，那么解决这个问题的正确方法肯定是选择剩下的那个选项。

好了，我们现在从贴有"苹果和橙子"标签的盒子中取出一个水果。如果是苹果，我们就会知道盒子里一定只有一个苹果。剩下的分别贴有"苹果"和"橙子"标签的两个盒子，则分别装有橙子及苹果和橙子。贴有"橙子"标签的盒子里不可能只装有橙子，所以它肯定装有两种水果，而贴着"苹果"标签的盒子里则装着橙子。至此，我们就可以为所有盒子重新贴上正确的标签了。如果从贴有"苹果和橙子"标签的盒子里拿出来的是橙子，通过上述步骤，我们同样可以知道这三个盒子里分别装有什么水果。

⑭ **盐、胡椒和调味酱汁**

首先，我们需要确定三人中的"观察者"到底是谁。看来，这个人有可能是席德。但是，如果真的是席德，就会自相矛盾。题目说，这个人拿的不是调味酱汁。如果这个人是席德，那么他拿的也不可能是盐，因为他姓索尔特。也就是说，他拿的肯定是胡椒。从里斯的姓氏可知，他拿的不可能是调味酱汁，也不可能是盐，因为在拿盐的那个人说完话之后他紧接着说话了。也就是说，里斯拿的必然也是胡椒，这又自相矛盾了。

那么，观察者会是菲尔吗？菲尔这个名字的确很有男子汉气概！但是，如果这个人是菲尔，同样会自相矛盾。从对话可以看出，这个人与拿盐的人不是同一个。所以，如果菲尔是观察者，那么他拿的既不是盐，也不是胡椒（胡椒和他的姓氏形成了对应关系）。所以，他拿的肯定是调味酱汁，但是题目告诉我们这个人拿的不是调味酱汁。

通过排除法，我们可以知道那个人肯定是里斯。他拿的不是盐，因此肯定是胡椒。由此可见，席德拿的是调味酱汁，菲尔拿的是盐。

⑮　**石头、剪刀、布**

我们可以利用下面这个方法推导出游戏的结果：

考虑亚当出6次剪刀的情况。因为我们知道没有平局，所以每次亚当出剪刀时，夏娃要么出石头，要么出布。夏娃出过2次石头和4次布，由此我们可以推断出，她每次出石头或布的时候，亚当出的都是剪刀。因此，亚当的剪刀输了2次（对上了石头），赢了4次（对上了布），总分是亚当4∶2领先夏娃。

在剩下的4个回合中，夏娃出的全部是剪刀，亚当则出过3次石头、1次布。这4个回合的比分是亚当3∶1领先夏娃。

因此，最后的结果是亚当以7∶3的比分赢了夏娃。

⑰　**脸上有烟灰的是你**

阿特金森小姐认为自己的脸是干净的，同时认为其他两个乘客在相互嘲笑对方。（我们假设这两名乘客分别坐在阿特金森小姐的左右两边。）然后，阿特金森小姐从其中一名乘客（比如坐在她左边的那名乘客）的角度来考虑当前的情况。这名乘客可以看到右边那名乘客的脸上有烟灰，还能看到阿特金森小姐的脸很干净。左边这名乘客笑了，是因为右边那名乘客的脸上有烟灰。阿特金森小姐接着想，左边乘客看到右边乘客在笑，那左边乘客能找到右边乘客发笑的原因吗？如果左边乘客认为自己的脸上没有烟灰，那么右边乘客嘲笑的对象是谁呢？阿特金森小姐想，唯一的可能（虽然她不喜欢这种可能性）就是右边乘客在嘲笑自己，所以她立刻掏出手帕，开始擦拭自己的脸。

⑱ 40 名不忠的丈夫

如果你已经解决了上面两个问题，或者看过答案了，那么这个问题肯定难不住你。你可能已经注意到，这些问题都是相同主题的不同变体，第一个问题涉及两个女孩，第二个问题涉及三名乘客，这道题中则出现了 40 个妻子。

事实上，如果你把"脸上污垢"问题中的孩子人数从两个增加到 40 个，把"脸上有泥巴"替换成"对妻子不忠的丈夫"，再把"向前走一步"换成"杀死她的丈夫"，就会变成现在这道题。

这道题最精彩的地方是国王给出的"至少有一名丈夫对妻子不忠"这条信息。对于后续推理而言，这条信息似乎无关紧要，可能是冗余信息，因为每名妻子都知道至少有一名丈夫对他的妻子不忠。实际上，他们都知道有39个品行不端的丈夫。然而，这类信息却引发了一系列不同寻常的事件。

在"脸上污垢"问题中，两名女孩最后意识到她们脸上都有泥巴，因此都向前走了一步。本题则像一部恐怖电影，高潮直至电影快结束时才到来：40个妻子同时杀死了她们的丈夫。

这个结果是如何产生的？假设只有一个丈夫在欺骗自己的妻子，而其他39个丈夫都没有不忠行为，会发生什么情况呢？因为所有妻子在一开始时都认为自己的丈夫对自己是忠诚的，在这种情况下，通奸者的妻子知道其他所有丈夫都对他们的妻子是忠诚的。又因为只有一个丈夫与其他女子私通，所以他的妻子当然不知道镇上还有其他通奸者。因此，在听说至少有一个丈夫不忠之后，她意识到这一定是她自己的丈夫（而不可能是其他任何人）。于是，第二天中午，她杀死了自己的丈夫。

接下来，我们假设有两个不忠的男人。这两个人的妻子（我们称之为阿格尼斯和波尔塔）都只知道有一个男人不忠，因为所有妻子都不知道自己丈夫的不忠行为。阿格尼斯知道波尔塔的丈夫对波尔塔不忠，波尔塔知道阿格尼斯的丈夫与人私通，其他38名妻子都知道阿格尼斯和波尔塔的丈夫行为不检点。因为每个人都知道至少有一个丈夫不忠，所以在听说"至少有一名丈夫对妻子不忠"之后，镇上所有人都无动于衷，第二天也没有发生流血事件。

然而，到了下午，阿格尼斯和波尔塔都很困惑。阿格尼斯推断（与我们在前面完成的推理过程一样），如果波尔塔的丈夫是镇上唯一的通奸者，在她听说至少有一名丈夫有不忠行为之后，她就应该在第二天中午杀死自己的丈夫，但是波尔塔并没有这样做。因此阿格尼斯得出结论，波尔塔肯定知道另一个人有通奸行为。这个人是谁呢？只能是她自己的丈夫，而不可能是其他任何人！因此，第三天中午，阿格尼斯杀死了自己的丈夫。同时，波尔塔也明白过来，并杀死了自己的丈夫。换句话说，当有两个丈夫有不忠行为时，在宣布"至少有一名丈夫对妻子不忠"之后的第二天，他们都会被杀了。

我们可以继续考虑有三个不忠丈夫的情况。这三个人的妻子都只会想到有两个不忠的丈夫，所以当第二天过去之后她们发现所有人的丈夫都活着的时候，她们就都明白了。第三天中午，这三名妻子杀死了各自的丈夫。综上所述，如果有40个不忠的丈夫，那么直到第40天中午，大屠杀才会发生。

如果国王没有提及"至少有一名丈夫对妻子不忠"，上述逻辑推理就不成立了，广场上的大屠杀也将得以避免。

⑲ 一盒帽子

如果阿尔杰农看到另外两个人都戴着绿色帽子，他就会知道自己的帽子是红色的。只有在这种情况下，他才能知道自己帽子的颜色。如果他不知道自己帽子的颜色，就说明他看到的两顶帽子都是红色的，或者是一红一绿。

同样，巴尔塔扎看到的两顶帽子也必然都是红色的或者一红一绿。也就是说，我们可以推断出三种情况：第一，所有人都戴着红色帽子；第二，阿尔杰农和巴尔塔扎都戴着绿色帽子；第三，只有卡拉塔克斯戴着绿色帽子。

在题目告诉我们卡拉塔克斯看到的都是红色帽子之后，我们可以排除第二种情况。现在，假设第三种情况是真实的，即卡拉塔克斯戴着绿色帽子，我们重复上述推理过程，看看会得出什么结果。阿尔杰农会看到一顶绿色帽子和一顶红色帽子，因此他不知道自己的帽子是什么颜色。巴尔塔扎可以看到卡拉塔克斯戴着绿色帽子，既然阿尔杰农不知道他的帽子的颜色，巴尔塔扎就可以断定自己戴的不是绿色帽子，否则阿尔杰农就会说他知道自己帽子的颜色！所以，巴尔塔扎知道自己戴着一顶红色帽子，在这种情况下，他就不能说他不知道自己帽子的颜色。因此，如果假设第三种情况是真实的，就会得出自相矛盾的结论。由此可见，只有第一种情况是正确的，即卡拉塔克斯戴的是红色帽子。

⑳　连续数字

为了解决这个谜题，我们需要从每个语句中获取一些信息，以逐渐缩减西庇太可能选择的数字组合的种类。

西庇太可以从1、2、3、4、5等数字中做出选择。如果赞茜知道其中一个数字是1，那么她可以断定伊维特听到的数字肯定是2，因为她知道这两个数字是连续的。由此可见，赞茜听到的数字不可能是1，我们可以从列表中划掉数字1。如果赞茜听到的是数字是2，那么伊维特听到的数字可能是1，也可能是3，所以赞茜无法知道伊维特到底听到了哪个数字。同样，对于大于2的所有数字，伊维特听到的数字都有两种可能，要么比那个数大1，要么比它小1。所以，根据第一个语句，我们知道赞茜听到的数字是2或者大于2。

　　同理，伊维特听到的数字也不可能是1。可能是2吗？如果她听到的数字是2，她就知道赞茜听到的数字肯定是1或3。但由于她是一个高明的逻辑学家，所以她可以推断出赞茜听到的数字不是1。也就是说，如果伊维特听到的是2，她知道赞茜听到的数字肯定是3，但她说她不知道赞茜听到的数字是几，两者相互矛盾。因此，我们可以从伊维特的数字列表中剔除2这个数字。如果伊维特听到的是3或更大的数字，那么她说她不知道赞茜听到的数字是几，就不是在说谎，因为从逻辑上讲，赞茜的数字可以比伊维特的数字大1或者小1。

　　综上所述，我们知道赞茜听到的是2或大于2的某个数字，而伊维特听到的则是3或大于3的某个数字。

　　接着，赞茜说她知道这个数字了。如果她的数字是2，那么她知道伊维特的数字肯定是3。如果她的数字是3，那么她知道伊维特的数字一定是4。如果赞茜听到的数字是4，那么伊维特听到的数字可能是3或者5，无法确定。对于所有大于4的数，都会得出同样的结果。换句话说，如果赞茜说她知道伊维特听到的是哪个数字且没有撒谎，那么她听到的一定是2或3。

如果赞茜听到了2或3，伊维特听到的就一定是3或4，因为西庇太写的这两个数字是连续的。因此，西庇太轻声告诉两个女孩的数字是2和3，或者3和4。也就是说，我们可以断定其中一个数字一定是3。

㉑　谢莉尔的生日

谢莉尔先列出了生日的可能日期，然后告诉阿尔伯特她的生日在5月、6月、7月或8月，并告诉伯纳德她的生日在14日、15日、16日、17日、18日或19日。我们可以根据对话中每个句子包含的信息，逐一排除所有不正确的选项，直至最后得出正确答案。

阿尔伯特说他不知道谢莉尔的生日是哪一天，但他知道伯纳德也不知道。

每个月份在谢莉尔给出的那些日期中至少出现了两次，所以无论她告诉阿尔伯特的是哪个月，都至少有两个可能的日期。所以，阿尔伯特肯定无法确定她的生日。这个语句的前半部分是多余的。

　　然而，因为阿尔伯特知道伯纳德不知道谢莉尔的生日，所以他可以肯定伯纳德听到的那个数字在这些日期中不能只出现一次。只出现了一次的是18和19这两个数字，如果伯纳德听到的是18日或19日，他就能推断出谢莉尔的生日。而阿尔伯特只在一种情况下才能知道伯纳德听到的不是18日或19日，那就是谢莉尔告诉他的那个月份里不能有18日和19日这两个可能选项。我们可以据此排除5月和6月，也就是说，阿尔伯特听到的一定是7月或8月。

　　伯纳德说，起初他不知道谢莉尔的生日（由此可知生日不是18日，也不是19日），但是后来他又说他知道了。由此可见，他听到的那个日子肯定只有一个月份与之对应。因此，我们可以排除14日，因为7月14日和8月14日都是谢莉尔给出的选项。所以，伯纳德听到的肯定是15日、16日或17日。

　　接着，阿尔伯特说他知道生日是哪一天了，这意味着他听到的那个月份现在只能与一个日子对应。现在剩下的日期一共有三个，即7月16日、8月15日和8月17日。综上所述，答案是7月16日。

　　尽管7月16日是正确答案，但是，如果对这个问题的理解稍有不同，最后就会得出一个不同的答案——8月17日。网上关于哪种方法正确的辩论可能有助于我们更好地分享和讨论这个问题。为了平息争议，出这道题的新加坡和亚洲学校数学奥林匹克竞赛公开澄清了这个问题，并指出8月17日这个答案是错误的。

我们来看看8月17日这个答案是如何得出的。通过这个例子，我们可能看出逻辑趣题有时候非常微妙，需要我们小心鉴别哪些是已知信息，哪些是未知信息。

阿尔伯特一开始说他不知道谢莉尔的生日，但他知道伯纳德也不知道。如果你认为关于伯纳德的这些信息是阿尔伯特自己推断出来的，那么如上所述，最终的正确答案就是7月16日。但是，阿尔伯特知道伯纳德不知道谢莉尔的生日是哪一天，也有可能是因为有人告诉了他这些信息。

如果是这样，阿尔伯特可以排除包含18日和19日这两个日期，因为他一开始就可以看出这两个数字只出现过一次。当阿尔伯特说他不知道生日的时候，就可以推断出他听到的月份不是6月，因为在剩下的日期中6月只出现了一次。因此，我们可以将6月排除在外。但是，与之前情形不同的是，他听到的那个月份还有可能是5月，所以我们不能将5月排除。随着对话继续，伯纳德说他之前不知道生日是哪一天，但现在他知道了。只有他听到的那个数字在剩下的可能日期中只出现一次时，伯纳德才有可能知道谢莉尔的生日到底是哪一天。现在，剩下的可能日期还有5月15日和16日，7月14日和16日，以及8月14日、15日和17日。其中，数字17只出现了一次，所以答案是8月17日。

这个解释似乎非常合乎逻辑，但我认为新加坡和亚洲学校数学奥林匹克竞赛的解释是最恰当的，即伯纳德不知道谢莉尔的生日这个信息，是阿尔伯特自己推断出来的，事先并没有人告诉他。

㉒ 丹尼丝的生日

解决谢莉尔生日问题的方法同样适用于本题。我们可以从每句话中找到一些线索，然后逐一排除不正确的日期。但是，丹尼丝问题涉及的信息更多，需要考虑各种不同情况。

以下是丹尼丝给出的可能日期：

2001 年 2 月 17 日　2001 年 3 月 13 日
2001 年 4 月 13 日　2001 年 5 月 15 日
2001 年 6 月 17 日　2002 年 3 月 16 日
2002 年 4 月 15 日　2002 年 5 月 14 日
2002 年 6 月 12 日　2002 年 8 月 16 日
2003 年 1 月 13 日　2003 年 2 月 16 日
2003 年 3 月 14 日　2003 年 4 月 11 日
2003 年 7 月 16 日　2004 年 1 月 19 日
2004 年 2 月 18 日　2004 年 5 月 19 日
2004 年 7 月 14 日　2004 年 8 月 18 日

阿尔伯特（知道丹尼丝生日在几月）知道伯纳德（知道丹尼丝生日在几日）不知道丹尼丝的生日。在给出的这些日期里，11日和12日只出现过一次，对应的日期是2003年4月11日和2002年6月12日，所以我们可以排除这两个日期。为了看得清楚，我们可以将这两个日期从列表中划掉。

既然阿尔伯特知道丹尼丝的生日不在4月，也不在6月，我们就可以把这两个月的其他日期都排除在外：2001年4月13日、2002年4月15日和2001年6月17日。

伯纳德（知道生日在几日）仍然不知道丹尼丝的生日到底是哪一天，所以我们可以对剩下的日期做进一步排除。如果他听到的那个数字在这些日期中只出现过一次，他就会知道生日到底是哪一天了。由于数字15和17只出现一次，所以我们可以将2001年5月15日和2001年2月17日这两个日期划掉。

但伯纳德还知道谢莉尔（知道生日所在的年份）也不知道丹尼丝的生日是哪一天。谢莉尔只在一种情况下才会知道丹尼丝的生日：她听到的年份是2001年，因为只有一个可能的日期与之对应，即2001年3月13日。由此可知，伯纳德听到的不是13，我们可以把这个数字从列表中删除。再见，2001年3月13日和2003年1月13日！

谢莉尔不知道生日是哪一天的这个事实并没有给我们提供任何信息，但是如果她知道阿尔伯特仍然不知道具体日期，阿尔伯特听到的那个月份在剩下的日期中就会出现不止一次。只出现一次的月份只有一个，即在2004年1月19日这个日期中出现的1月。这说明谢莉尔听到的年份不是2004年，因此，我们可以排除2004年的所有日期。

阿尔伯特现在知道了生日的日期，所以他知道的那个月份只能在剩下的日期中出现一次。因此，我们可以排除3月份的两个日期。至此，我们还剩下2002年5月14日、2002年8月16日、2003年2月16日和2003年7月16日这4个日期。

如果伯纳德现在知道具体日期，就说明他听到的表示几日的数字在剩下的这4个日期里只出现了一次，由此可见，正确答案是2002年5月14日。

㉓ 孩子们的年龄

这位教堂司事有三个孩子，他们的年龄乘积是36。这条信息意味着我们可以将孩子们的年龄限定在下面这些组合中。最后一列粗体数字表示的是三个数字的和。

$1 \times 1 \times 36$ **38**

$1 \times 2 \times 18$ **21**

$1 \times 4 \times 9$ **14**

$1 \times 6 \times 6$ **13**

$2 \times 2 \times 9$ **13**

2 × 3 × 6　　**11**

3 × 1 × 12　　**16**

3 × 3 × 4　　**10**

我们可以假定牧师知道或者可以去查看司事家的门牌号。如果门牌号在这些粗体数字中只出现一次，牧师就会立刻知道这三个孩子的年龄。只在门牌号是13时，他才需要知道更多的信息。因此，我们可以确定门牌号一定是13，孩子们的年龄分别是1、6、6或2、2、9。

牧师肯定知道自己儿子的年龄，而且我们假定司事也知道牧师儿子的年龄。由于司事告诉牧师，凭借这条信息，他可以确定三个孩子的年龄，所以牧师儿子的年龄一定比其中一组的三个数字都大，而比另一组中至少一个数字小。换句话说，牧师的儿子肯定是7岁或8岁。如果牧师的儿子是10岁或11岁，他的年龄就会大于这两个组合中的所有数字。在这种情况下，司事不可能说牧师可以解决这个问题了。如果牧师的儿子是7岁或8岁，那么司事的三个孩子就分别是1岁、6岁和6岁。

㉔　公共汽车上的奇才

我们知道A有不止一个孩子，他们的年龄都是正整数，而且年龄之和是公共汽车线路的编号。我们还知道，在A的孩子中，1岁的孩子不多于1人。

下面，我们利用这些信息，检验哪些公共汽车线路编号符合题意。

这条公共汽车线路的编号不可能是1，因为任何两个正整数相加的和都不会等于1。

编号也不可能是2，因为相加之和等于2的两个正整数只能是1和1，这就意味着A有两个1岁的孩子。

如果公共汽车线路的编号是3，那么和为3的情况只能是2＋1或者1＋1＋1。我们可以排除后者，因为它意味着A有3个1岁的孩子；我们也可以排除前者，因为如果是3路公共汽车，那么在A告诉B自己已有两个孩子时，B立刻就会知道这两个孩子的年龄分别是2岁和1岁。所以这条公共汽车线路的编号不可能是3。

下面的表格列出了公共汽车线路编号为4时A的孩子的可能年龄。此外，我还统计了每个年龄组合对应的孩子人数和A的年龄。

孩子的年龄	孩子的人数	A的年龄
3、1	2	3
2、2	2	4
2、1、1	3	2
1、1、1、1	4	1

上表中，"孩子的人数"与"A的年龄"没有一行是相同的，也就是说每一组数字都是独一无二的。这样一来，一旦确定了"孩子的人数"和"A的年龄"，B就能推断出孩子的年龄了。所以，公共汽车线路编号不能是4。

我们还需要画更多的表格，验证公共汽车线路编号为其他值的情况。最后，我们来验证编号为12的情况。以下是部分可能组合：

孩子的年龄	孩子的人数	A的年龄	孩子的年龄	孩子的人数	A的年龄
11、1	2	11	7、2、2、1	4	28
10、2	2	20	7、2、1、1、1	5	14
10、1、1	3	10	7、1、1、1、1、1	6	7
9、3	2	27	6、6	2	12
9、2、1	3	18	6、5、1	3	30
9、1、1、1	4	9	6、4、2	3	48
8、4	2	32	6、4、1、1	4	24
8、3、1	3	24	6、3、3	3	54
8、2、2	3	32	6、3、2、1	4	36
8、2、1、1	4	16	6、3、1、1、1	5	18
8、1、1、1、1	5	8	**6、2、2、2**	**4**	**48**
7、5	2	35	6、2、2、1、1	5	24
7、4、1	3	28	6、2、1、1、1、1	6	12
7、3、2	3	42	6、1、1、1、1、1、1	7	6
7、3、1、1	4	21	5、5、2	3	50

（续表）

孩子的年龄	孩子的人数	A的年龄	孩子的年龄	孩子的人数	A的年龄
5、5、1、1	4	25	4、2、2、2、1、1	6	32
5、4、3	3	60	4、2、2、1、1、1、1	7	16
5、4、2、1	4	40	4、2、1、1、1、1、1、1	8	8
5、4、1、1、1	5	20	4、1、1、1、1、1、1、1、1	9	4
5、3、3、1	4	45	3、3、3、3	4	81
5、3、2、2	4	60	3、3、3、2、1	5	54
5、3、2、1、1	5	30	3、3、3、1、1、1	6	27
5、3、1、1、1、1	6	15	3、3、2、2、2	5	72
5、2、2、2、1	5	40	3、3、2、2、1、1	6	36
5、2、2、1、1、1	6	20	3、3、2、1、1、1、1	7	18
5、2、1、1、1、1、1	7	10	3、3、1、1、1、1、1、1	8	9
5、1、1、1、1、1、1、1	8	5	3、2、2、2、2、1	6	48
4、4、4	3	64	3、2、2、2、1、1、1	7	24
4、4、3、1	**4**	**48**	3、2、2、1、1、1、1、1	8	12
4、4、2、2	4	64	3、2、1、1、1、1、1、1、1	9	6
4、4、2、1、1	5	32	3、1、1、1、1、1、1、1、1、1	10	3
4、4、1、1、1、1	6	16	2、2、2、2、2、2	6	64
4、3、3、2	4	72	2、2、2、2、2、1、1	7	32
4、3、3、1、1	5	36	2、2、2、2、1、1、1、1	8	16
4、3、2、2、1	5	48	2、2、2、1、1、1、1、1、1	9	8
4、3、2、1、1、1	6	24	2、2、1、1、1、1、1、1、1、1	10	4
4、3、1、1、1、1、1	7	12	2、1、1、1、1、1、1、1、1、1、1	11	2
4、2、2、2、2	5	64	1、1、1、1、1、1、1、1、1、1、1、1	12	1

解题工作花了很长时间，但我们终于找到了想要的东西。我用粗体标出了符合条件的数字。

即使B知道A有4个孩子，并且知道他们的年龄乘积是48，他仍然无法确定每个人的年龄，因为这4个孩子可能分别是6岁、2岁、2岁、2岁，也可能是4岁、4岁、3岁、1岁。由于B知道自己无法推断出孩子的年龄，所以他知道A肯定是48岁。进而，我们知道他们乘坐的是12路公共汽车。

我在正文题干讲过，符合条件的公共汽车线路编号只有一个，因此，既然我们已经发现了这个编号，就说明问题已经解决了。

如果公共汽车编号是13，你依照上述方法绘制表格会发现，符合A的年龄是48且有5个孩子的组合有两种，这些孩子的年龄分别为6岁、2岁、2岁、2岁、1岁，或者4岁、4岁、3岁、1岁、1岁；符合A的年龄是36岁且有3个孩子的组合也有两种，分别为6岁、6岁、1岁，或者4岁、3岁、3岁。所以当A告诉B他的年龄和孩子数目不足以计算出孩子的年龄时，B就会得出A的年龄或者是48，或者是36。但究竟是哪一个，B就不得而知了。这与题干最后B的恍然大悟不符。

如果公共汽车编号是14，我们可以将以上组合加入一个年龄为1岁的孩子，这样，A的年龄为48时，可能的年龄组合就变成：6岁、2岁、2岁、2岁、1岁、1岁，或者4岁、4岁、3岁、1岁、1岁、1岁；A的年龄为36时，可能的年龄组合就变成6岁、

6岁、1岁、1岁，或者4岁、3岁、3岁、1岁。这样一来，B也无法推测出A的年龄是多少。（我们每增加一个1岁的孩子，结果都是一样，A的年龄不变，每组孩子的个数增加一个。）因此，我们也可以将编号为14的情况排除。同理，我们可以将编号为15、16……的情况都排除在外。

康威设计这个难题的高明之处在于，他发现这道题只有唯一的答案。

㉕ 元音字母游戏

你需要翻看分别印有字母A与数字2的两张卡片。

显然，我们必须翻看印有字母A的那张卡片，看看它的反面是不是奇数。我们不需要翻看印有字母B的卡片，因为B是辅音字母，与题意无关。

大多数人犯的错误是，他们以为必须翻看印有数字1的那张卡片，因为1是奇数，所以必须看看它的反面是不是印有元音字母。但这种逻辑是错误的。如果另一面是元音字母，就说明规则有效。然而，如果另一面是辅音字母，那么它的反面是偶数还是奇数都无所谓，因为规则不涉及辅音字母。

但是，我们还必须翻看印有数字2的卡片，以确保另一面印着的不是元音字母，否则，规则就不成立了。

这个问题是心理学家彼得·沃森（Peter Wason）于1966年

提出的。大多数人得出错误的答案，并不是因为他们没有理解这个问题，而是因为他们掉入了陷阱，把推理工作建立在未知信息（卡片背面的内容）而不是已知信息（卡片正面的奇数）的基础之上。我们懒惰的大脑并不善于解决逻辑难题！

然而，如果同样的问题在表述上稍做改变，使用大家比较熟悉的社会背景，那么大多数人都会得出正确的答案。下面的卡片在正反两面分别印有一种饮料名称和一个数字。每张卡片代表一个人，数字表示年龄，饮料名称表示他们喜欢喝这种饮料。

要验证下面这条规则，需要翻看哪些卡片呢？

如果一个人喜欢喝酒，那么他的年龄肯定超过 18 岁。

很明显，我们需要翻看印有葡萄酒的那张卡片。但更明显的是，我们还需要翻开那张印有数字 17 的卡片，看看他喝的是什么。我们不需要知道那位 22 岁的年轻人喝的是什么，因为他们可以随心所欲地选择自己喜欢的饮料。

你是文字游戏的高手吗?

（1）**SLYLY**（狡猾地）。

（2）**TYPEWRITER**（打字机）。题目只是要求使用规定的10个字母，但并没有要求每一个字母都必须用到。

（3）**TONIGHT**（今晚）。

（4）名片上的字母分别对应6月、7月、8月、9月、10月、11月、12月、1月、2月、3月、4月、5月的英文首字母。

（5）**EXTR**AOR**DINARY**（非同寻常的）。

（6）F。这个字母串是由17（SEVENTEEN）到39（THIRTY-NINE）所有数字的英文首字母构成的，下一个数字40（FORTY）的首字母是F。

（7）**EART**HQUAKE（地震）。

（8）去掉各个单词的首字母，其余的字母均构成回文结构，即左右对称的结构：

ssess、anana、resser、rammar、otato、evive、neven、oodoo。

（9）**INS**TANTAN**EOUS**（瞬时的）。

（10）U。只要看到7个一组，就要想到一个星期正好有7天：Monday（星期一）、Tuesday（星期二）、Wednesday（星期三）、Thursday（星期四）、Friday（星期五）、Saturday（星期六）、Sunday（星期日）。

绕着原子行走的人

㉖ 孤零零的直尺

有了直尺之后，我们就可以画直线。刻度间距为两个单位的直尺不仅可以用来画直线，还可以标记出间距为两个单位的点。虽然现在我们手头只有这样一把直尺，但已经足够解决问题了。

解这道题时需要利用一条基本原理，即从同一点出发的两条直线的发散速度保持不变。我们需要想办法测量两条发散直线之间的距离，以创建另一条长度为1个单位的线段，具体过程如下：

步骤1：画两条相交的直线。这两条直线就是我们需要的发散直线。在两条直线上分别标出与交点距离为两个单位的点，然后利用这两个点，继续标记两个距离为两个单位的点。

步骤2：用直线分别连接两次标记的点。两条连线相互平行。在下面那条连线上标记与其中一个端点相距两个单位的点X。

步骤3：从交点开始，画一条通过点X的直线，并将它与上方那条平行线的交点标记为点Y。上方平行线由左侧端点到点Y的距离（下图中加粗部分）为1个单位。至此，问题迎刃而解。

接下来，我向大家介绍其中的原理。我把最初画的两条直线中的一条记作直线A，另一条记作直线B。直线A与直线B在交点处的距离为0。沿着直线B向下匀速移动时，从直线A沿任意固定角度到直线B的距离都在以恒定的速度增加。因此，如果直线A到直线B在点X处的线段长度为2，从直线A沿平行线到直线B的线段长度就肯定是1，因为后者的长度是前者的一半。

㉗ 绕地球一圈的绳子

这条绳子可以抬高120米左右，与伦敦市中心摩天大厦"中心塔"（Centre Point）差不多高。这同样是一个出人意料的答案。把围绕地球一周、长度为4万千米的绳子增长到40 000 001米，绳子的一个点可以抬升的高度非常高，20头长颈鹿骑在摩托车上叠罗汉，都可以轻松地从绳子下方通过。

不过这一次，地球的大小与答案密切相关。计算时需要用到三角学知识，这对大多数读者来说可能难度过高。因此，如果你正确地画出图形，而且解题思路正确，就应该得满分。图中的 r

表示地球的半径，h 是我们要求的值，
即绳子在长度不变的情况下可以达到
的最大高度。绳子最高点到地面的绳
长是 t，而绳子的两个端点之间沿地面
的距离是 g 的两倍。

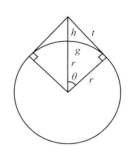

　　我们可以用 r 来表示 h，但要注意，
这可不太容易。如果你从来没有学过

三角学，那么你肯定看不懂。我们先是注意到 t 和地球半径相切，
所以我们得到一个直角三角形，其中斜边是 $r + h$，两条直角边分
别是 r 和 t。根据勾股定理，可以得到

　　（1）$t^2 + r^2 = (r + h)^2$

　　我们知道 θ 角的余弦是 $r/(r + h)$，所以

　　（2）$\theta = \cos^{-1} r/(r + h)$

　　在用弧度表示时，$\theta r = g$，所以

　　（3）$r \cos^{-1} r/(r + h) = g$

　　此外，题目还告诉我们：

　　（4）$2g + 1 = 2t$

　　上述方程经整理、化简（化简过程在此处不列出），就会得
到 $h \approx \left(\dfrac{1}{2}\right)\left(\dfrac{3}{2}\right)^{\left(\frac{2}{3}\right)} r^{\left(\frac{1}{3}\right)}$

　　已知 $r = 6\,400\,000$ 米，所以 $h \approx 122$ 米。

至此，问题得以解决。为完整起见，我写出了解题过程，但我保证后面再也不会涉及三角学。

㉘ 街头聚会的彩带

同上一个问题一样，这道题的目的是让我们正确认识我们对空间的直觉。灯柱略高于7米，与维多利亚时期的两居室房子差不多高，但远高于世界上最高的长颈鹿。它高得超出你的想象了吧?

利用勾股定理，我们可以轻松解答这道题。如下图所示，灯柱切割出了两个直角三角形。

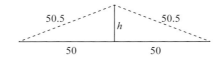

彩带构成了两个三角形的斜边，地面和灯柱分别构成了另外两条边。因此:

$$h^2 + 50^2 = 50.5^2$$

$$h^2 + 2\,500 = 2\,550.25$$

整理后就会得到:

$$h^2 = 2\,550.25 - 2\,500 = 50.25$$

所以:

$$h = \sqrt{50.25} = 7.1$$

㉙　骑上你的自行车，夏洛克！

要推断出自行车的行进方向，我们先要确定哪条车轮印是前轮留下来的，哪条是后轮留下来的。因此，亲爱的"华生"，我们需要学会根据车轮印的曲线判断车轮的行进方向。

如果车轮印是直的，车轮的行进方向就与车轮印的方向一致。然而，如果车轮印是弯曲的，车轮

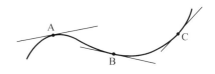

的行进方向就会与车轮印上各个点的切线方向保持一致。（切线是指与某条曲线只有一个接触点的直线）。为便于理解，请仔细观察右图中独轮车留下的车轮印。车轮在点A、点B和点C时的朝向分别与我标出的各条切线方向一致。

自行车有两个车轮，前轮可以指向任意方向，而后轮在行进方向上没有自由——它必须始终指向前轮的行进方向。

所以，无论后轮在哪个位置，前轮都在后轮印的切线方向上，且与后轮之间的距离一定等于自行车的车身长度。换句话说，后轮印的所有切线一定都会与前轮印相交，且切点与交点间的距离一定等于车身长度。

现在，请大家查看下图中粗线上的点D。该点的切线与两条车轮印都不相交。因此，我们可以断定点D所在的那条曲线不是后轮印，而是前轮印。

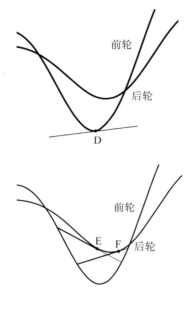

现在，我们可以确定自行车的行进方向了。我们知道哪条车轮印是后轮留下的，上面的讨论还告诉我们，沿后轮印上的任意一条切线，朝着自行车的行进方向前进一辆自行车的车身长度，就会与前轮印相交于某一点。因此，我们在后轮印上任取两点E、F，分别画出后轮印的切线，观察这两条切线与前轮印相交的情况。从左图可以看出，点E和F左侧的两条线段长度相等，而右侧的两条线段长度不相等。车轮之间的距离在行进过程中是不会改变的，由此可见，自行车的行进方向是由右向左。太简单了！

㉚ 模糊数学

我特别喜欢这个问题，因为它反映了一个奇怪的现象：车轮的顶部总是跑得比底部快。

车轮沿着水平面滚动时，车轮上的点需要完成两个不同方向上的运动。它们需要沿着车轮前进方向水平运动；此外，它们还需要绕着车轮中心旋转。这两个方向上的运动有时相互补充，有时又会相互抵消。我们在车轮上任取一个点。如下图所示，当该点位于车轮顶部（点A处）时，该点的水平运动和旋转运动就会相互补充。但是，当这个点在车轮底部（点B处）时，水平运动和旋转运动的方向正好相反，就会相互抵消。从观察者的角度看，车轮滚动时，顶部的速度一直是车轮水平速度的两倍，而车轮底部一直是静止的。由此可见，轮子下半部分各点的运动速度比上半部分各点要慢。

　　因此，正确答案是第二幅图。因为在这幅图中，上面的五边形模糊，而下面的五边形非常清晰。如果摄影师将相机的曝光时间设置得足够短，速度慢的那个五边形就会留下清晰的图像，但速度快的那个五边形肯定比较模糊。如果你喜欢画画，可能马上就会明白其中的道理。在画运动的车轮时，顶部经常会做模糊处理。

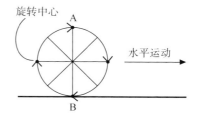

㉛　绕着圆转圈

　　你的答案是不是(b) 3？出题人也认为这是正确答案。

　　按照出题人的想法，学生们应该完成以下计算过程。既然圆A的半径是圆B的1/3，那么圆A的周长同样是圆B周长的1/3（因为周长等于2π乘以半径）。也就是说，三个圆A的周长之和等于圆B的周长。圆A滚动一圈经过的距离等于它的周长。所以，圆A转动3圈，移动的距离等于自身周长的3倍，也就是圆B的周长。

如果没有认真研究过一个圆绕着另一个圆转圈的运动特点，就很难发现这其中的错误，出题人显然也犯了这个错误。接下来，我们来看看到底哪个答案是正确的。取两枚相同的硬币，然后让一枚硬币绕着另一枚滚一圈。硬币的周长相等，所以你可能认为（就像那道SAT测试题一样）硬币只需要滚动一圈就可以回到出发点。但是，女王的头会转动两圈！当一个圆绕着另一个圆滚动时，它同时还要完成另外一项运动——在绕这个圆滚动时，它还要自转。

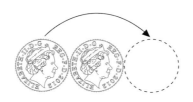

如果SAT出题人问的是"圆A沿直线滚动多少圈，通过的距离正好等于B的周长"，正确答案就应该是3圈。但是，当A绕着B转动时，正确答案应该是4圈。

出题人给出的几个答案都不是正确答案。正因为如此，那一年的考生在这道题上几乎全军覆没。这个错误被发现之后，《纽约时报》和《华盛顿邮报》都进行了报道，令出题人十分尴尬。

32　8张白纸

在1下面紧挨着1的只能是左上角的那张纸，接下来就是左上角下方的那张，其余的纸按照逆时针方向构成单螺旋，依次排列。

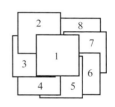

33　一分为二的正方形

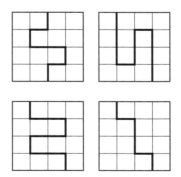

34　翅膀和透镜

如果我们把图形补全，这个问题就容易理解了。将4个相同的1/4圆拼到一起，就会得到一个大圆，其中包含4个相互重叠的小圆。

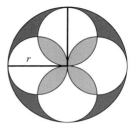

如果大圆的半径是r，则它的面积是πr^2。

小圆的半径是大圆的1/2，因此每个小圆的面积是$\pi\left(\dfrac{r}{2}\right)^2 = \dfrac{\pi r^2}{4}$。

现在，问题就简单了。小圆的面积正好是大圆的1/4，所以4个小圆的面积相加正好等于大圆的面积。两者面积相等，这对我们来说非常有用，因为图形中正好有4个小圆。

这4个小圆相互重叠，重叠之后的总面积是多少呢？

重叠之后的总面积等于小圆面积（πr^2）乘以4，然后减去重叠部分的面积。重叠部分是由4个透镜状的图形构成的。

（1）小圆重叠之后的总面积$=\pi r^2 - 4$个透镜形状的面积

我们还可以看出，大圆的面积（πr^2）减去翅膀形状的面积就等于小圆重叠之后的总面积。

（2）小圆重叠之后的总面积$=\pi r^2 - 4$个翅膀形状的面积

结合这两个方程，就可以得到：

$\pi r^2 - 4$个透镜形状的面积$=\pi r^2 - 4$个翅膀形状的面积

显然，4个透镜形状的面积等于4个翅膀形状的面积。由于4

个翅膀形状的面积都相等，4个透镜形状的面积也相等，所以每个翅膀形状的面积与每个透镜形状的面积也相等。

㉟　日本数字牌中的圆

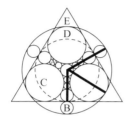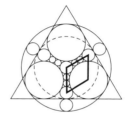

这个图形如此诱人，是因为所有圆完美地结合在一起，结合方式恰恰也是解决问题的关键，我们可以借此对它们的半径进行比较。

我们把这些圆按照由小到大的次序依次命名为 A、B、C、D 和 E，它们的半径分别为 a、b、c、d 和 e。根据题意，我们需要用 a 表示 d。

在第一幅图中，我画了3条线。竖直的那条线是虚线圆 D 的半径，但它同时还等于圆 A 的半径的4倍加上 B 的半径的3倍，所以我们可以写出下面这个方程：

（1）$d = 4a + 3b$

同理，另外两条粗线既是圆 E 的半径，也可以用其他圆的半径表示：

（2）$e = 4a + 5b$

（3）$e = b + 2c$

巧妙地利用第二幅图中的菱形，我们还可以得到下面这个方程：

（4）$4a + 2b = b + c$

现在，我们有4个方程，5个未知数。由于我们希望用a表示d，所以我们应该想办法去掉其他的项。

我们可以先用（2）和（3）中的等量关系去掉e。

$4a + 5b = b + 2c$

所以：

$4a + 4b = 2c$

（5）$2a + 2b = c$

把上式代入（4），就会得到：

$4a + 2b = b + 2a + 2b$

（6）$2a = b$

将（6）代入（1）就会得到：

$d = 4a + 6a = 10a$

至此，我们得出答案：D的半径是A的半径的10倍。

㊱ 日本数字牌中的三角形

我把圆按从小到大的顺序重新命名为A、B、C，它们的半

径是 a、b、c。我们的思路是先用 a 表示 b，然后用 b 表示 c，从而完成 $c = 2a$ 的证明。

　　我在下图中用虚线画了一个三角形。该三角形的斜边是圆 B 和圆 A 的半径之和，因此边长是 $b + a$。三角形其他两边的边长分别是 b 和 $2b - a$。第二条直角边的边长可以用以下方式推断出来：该边边长是正方形边长的一半减去圆 A 的半径，正方形的边长是 $4b$。

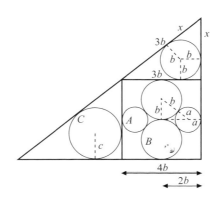

　　根据勾股定理，直角三角形斜边的平方等于其他两边的平方和，所以

$$(b + a)^2 = b^2 + (2b - a)^2$$

展开后有：

$$b^2 + 2ab + a^2 = b^2 + 4b^2 - 4ab + a^2$$

合并同类项：

$6ab = 4b^2$

进一步化简就会得到：

$3a = 2b$

最后可以得到：

$$b = \frac{3}{2}a$$

就这样，我们完成了用 a 表示 b 的任务。

接下来，我们再来看上图顶部的那个三角形。我从圆心画了三条线与三角形的三条边相交。三条直线与三条边分别垂直，把三角形分割成一个 $b \times b$ 的正方形和两个风筝形状。指向左边的"风筝"的长边边长是 $3b$，因为它等于大正方形的边长减去圆 B 的半径。由于风筝都是对称的，所以另一条边的边长也必然是 $3b$。设右边的风筝的边长是 x，那么根据勾股定理：

$(3b + x)^2 = (b + x)^2 + (4b)^2$

展开后得到：

$9b^2 + 6bx + x^2 = b^2 + 2bx + x^2 + 16b^2$

合并同类项后得到：

$4bx = 8b^2$

所以：

$x = 2b$

图形上部的三角形竖直角边的边长是 $x + b = 2b + b = 3b$。图形左下部三角形的竖直角边边长是 $4b$。这两个三角形虽然大小不同，但是形状相同，因此边长之比（$\frac{3b}{4b} = \frac{3}{4}$）肯定等于这两个三角形内切圆半径之比 b/c：

$$\frac{3}{4} = \frac{b}{c}$$

由此可知：

$$c = \frac{4}{3}b$$

至此，我们实现了用 b 表示 c 和用 a 表示 b 这两个目标。

那么，用 a 表示 c 的表达式为：$c = \frac{4}{3}b = \frac{4}{3} \times \frac{3}{2}a = 2a$。

③⑦　踩在榻榻米上

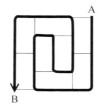

③⑧　15 个榻榻米垫子

答案选自17世纪最受欢迎的日本数学教科书《尘劫记》

（1641年版）。

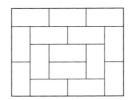

㊴ 芦原伸之的垫子

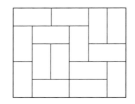

㊵ 讨厌的楼梯

用17个榻榻米垫子无法铺满这个被去掉两个角的6×6的房间。如下图所示，我们把房间的地板涂成像棋盘那样黑白相间的样子，就会知道铺不满的原因。每个垫子都会覆盖一黑一白两个方格，因此，如果垫子可以铺满房间，那么黑色方格与白色方格的数量肯定相等。但是，这个房间的白色方格多出了两块，所以我们不可能用垫子铺满房间。

这个问题常见的表现形式是，借助多米诺骨牌和"残破"的棋盘。利用占两格的多米诺骨牌，是否可以完全覆盖相对两角被切去的棋盘？答案同样是否定的。

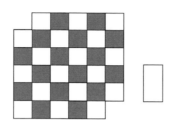

㊶　位置不定的楼梯

在证明本题时，我们需要使用20世纪70年代在IBM（国际商用机器公司）担任研究部主任的拉尔夫·E.戈莫里（Ralph E. Gomory）提出的一个巧妙方法。戈莫里当时是用多米诺骨牌覆盖棋盘，但证明方法相同。如下图所示，先画一条通过所有方格且不重复的线。在第二幅图中，随意去除一黑一白两个用于安装楼梯的方格，刚才画的那条线就被分成了两段，而且每段覆盖的方格数都是偶数，所以都可以用榻榻米垫子完全覆盖。无论这条线如何画，无论所选的黑白两个方格位于何处，上述证明都成立。

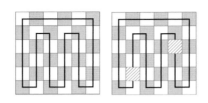

42 木板问题

这个问题是谢莉尔的生日问题（第21题）的作者、新加坡人约瑟夫·杨告诉我的（他第一次看到这类问题是在20世纪80年代）。如图A所示，最显而易见的答案就是建筑师所说的"天窗"，也就是倾斜屋顶上的垂直窗户。很多建筑师都兴高采烈地说出了这个答案。此外，B和C也是正确答案。

A　　　侧视图　　B　　　侧视图　　C　　　侧视图

43 墙上的照片

这个问题有物理方法（不会吧？）和数学方法（太棒了！）两种解法。可以预见的是，在简洁性方面物理方法远逊于数学方法。在墙上钉钉子时，让这两颗钉子尽可能地接近，使它们可以夹住从中间穿过的绳索。绳索弯曲成W形，并让W中间向上的部分夹在两颗钉子之间。由于钉子可以夹住绳索，所以照片不会滑落。但是，如果有一颗钉子脱落，照片就会随之掉落。这个方法虽然很丑陋，但不失为一个有效的办法。

下面向大家介绍一个更好的方法。

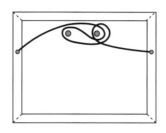

但它并不是我最喜爱的方法，因为在我明确表示可以用波罗米昂环建立数学模型之后，我希望你从波罗米昂环出发，通过反向推理找出答案。波罗米昂环中的任意一个环被移除后，另外两个环就会自动脱离。本题涉及三个要素（两颗钉子和一条绳子），当其中一个要素被移除后，整个结构就会解体。最大的难点在于，如何用两颗钉子和一根绳子构建波罗米昂环，因为从外观上看它们与三环没有任何相似之处。

再想想波罗米昂环有什么特点。它们可以是圆环，也可以是像"死亡战士之结"那样的三角形。事实上，只要它们相互连接的方式保持不变，就可以是我们希望的任何形状。例如，我们可以想象每颗钉子都是一个刚性环的一部分：环路随着钉子的一端进入墙壁之后，向上弯曲，再回过头来与钉子的另一端相连。我们还可以想象绳子首尾相连，形成了一个绕房间一圈的大环。如果这三个"环"以波罗米昂环的方式连接起来，那么拿掉一颗钉子，环绕在另一颗钉子上的绳子就会自动脱落，从而使问题得到圆满解决。

那么，到底该怎么做呢？我亲自动手，用两个塑料环和一根绳子做了一个波罗米昂环，如下图左侧图形所示。然后，我把两个塑料环分开，并排放置（如下图右侧图形所示）。此时，这两个塑料环就"变成"了墙上的钉子，绳子在它们之间构成的环路（如下图中间图形所示）就是我们要找的答案。

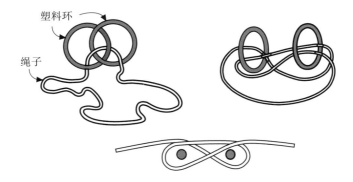

塑料环

绳子

请注意，我们感兴趣的并不是3个完整的"环"，而是代表两颗钉子和照片挂绳的那个部分，因为3个环就是在这个部位彼此相连的。"环"的其余部分，包括钉到墙壁内部的钉子或环绕房间的绳子，都与本题无关。

㊹　值得一看的餐巾环

我们继续前面的分析，把这道题做完。如截面图所示，餐巾环的高度是 6 厘米，高度的一半是 3 厘米，所以圆顶的高度 h 等于 $r-3$。

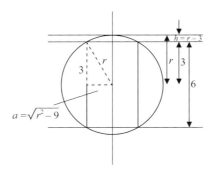

我们可以利用图中的虚线直角三角形求出圆柱体的截面半径 a。根据勾股定理，斜边的平方等于其他两边的平方和，所以 $r^2 = a^2 + 3^2$，即 $a = \sqrt{r^2-9}$。

接下来就是本题的难点了。前面已经说过餐巾环体积的计算公式是：

球体的体积 – 圆柱体的体积 – 2 × 单个圆顶的体积

因此，我们可以得到：

$$(\frac{4}{3})\pi r^3 - 6\pi a^2 - 2(\frac{\pi h}{6})(3a^2 + h^2)$$

用包含 r 的表达式替换上式中的 a 和 h：

$$(\frac{4}{3})\pi r^3 - 6\pi(r^2 - 9) - 2\left[\frac{\pi(r-3)}{6}\right][3(r^2 - 9) + (r-3)^2]$$

展开之后会得到：

$$(\frac{4}{3})\pi r^3 - 6\pi r^2 + 54\pi - \frac{\pi(r-3)}{3}[(3r^2 - 27) + (r^2 - 6r + 9)]$$

去括号后可得：

$$(\frac{4}{3})\pi r^3 - 6\pi r^2 + 54\pi - \frac{\pi(r-3)}{3}(4r^2 - 6r - 18)$$

这个算式还可以变得更长：

$$(\frac{4}{3})\pi r^3 - 6\pi r^2 + 54\pi - (\frac{\pi}{3})(4r^3 - 6r^2 - 18r - 12r^2 + 18r + 54)$$

抱歉，要让大家完成如此复杂的计算：

$$(\frac{4}{3})\pi r^3 - 6\pi r^2 + 54\pi - (\frac{\pi}{3})(4r^3 - 18r^2 + 54)$$

胜利就在眼前：

$$(\frac{4}{3})\pi r^3 - 6\pi r^2 + 54\pi - (\frac{4}{3})\pi r^3 + 6\pi r^2 - 18\pi$$

消去含 r 的项，就会得到 36π。

这个答案真令人吃惊，竟然没有含 r 的项，也就是说球体的大小与问题无关！

所有高为 6 厘米的餐巾环体积都是 36π。利用橙子大小的球体制成的餐巾环，与利用浮水气球（甚至月球）大小的球体制成的餐巾环，只要高度是6厘米，它们的体积就都相同。

　　餐巾环的圆周长变长时，它的厚度就会变薄。无论球体多大，餐巾环圆周长增加对体积的影响与厚度减小时的影响正好相互抵消。太神奇了!

㊺　面积难题

　　沿虚线把图形扩大。区域A加上标有24平方厘米的区域，总面积等于9厘米×5厘米，因此A的面积＝45平方厘米－24平方厘米＝21平方厘米。此外，A＋B＝5厘米×8厘米＝40平方厘米。所以，B＝19平方厘米。

　　B与标有19平方厘米的区域宽度相同、面积相等，因此高也一定相等。由此可见，这两个矩形全等，即A与我们要求面积的

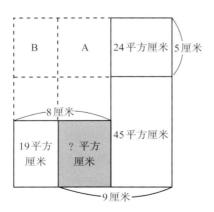

那个矩形不仅等高，而且等宽。所以，这两个矩形面积相等，都是21平方厘米。

㊻ 四方形问题

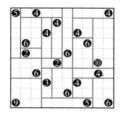

㊼ 数回

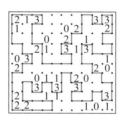

㊽ 递减高尔夫

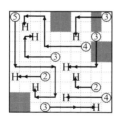

㊾ 装电灯泡

㊿ 黑暗的房间

本题的答案不止一个，但解题思路相同。符合要求的房间至少有6堵墙，形状与有三个尖角的忍者飞镖（日本武士使用的星

答　案

形武器）相似。从建筑的角度来看，四方形的房间可能更现实一些。

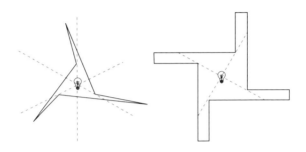

285

你连 12 岁的孩子都不如吗?

(1) E

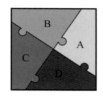

(2) D

  本题有多种解法。我们可以将所有分数通分,用630作为公分母。于是,$\frac{1}{2}$变成了$\frac{315}{630}$,$\frac{2}{3}$变成了$\frac{420}{630}$,以此类推。我们也可以将这些分数全部化为小数。此外,我们还有一个方法。由于所有分数的值都接近$\frac{1}{2}$,所以我们可以通过各分数与$\frac{1}{2}$的差来比较它们的大小。按照题目所给顺序,它们与$\frac{1}{2}$的差依此为0、$\frac{1}{6}$、$\frac{1}{10}$、$\frac{1}{14}$和$\frac{1}{18}$,所以这些分数按由小到大的顺序排列依次是$\frac{1}{2}$、$\frac{5}{9}$、$\frac{4}{7}$、$\frac{3}{5}$和$\frac{2}{3}$。

(3) C

  字母“e”本来已经出现了8次,所以在空格中填入“nine”(9)或者“eleven”(11),句子均成立。

（4）B

在线条相交的地方，线条中断表示该线条是先画的，而没有断开的线条则覆盖在前者之上。因此，我们需要确定一条路线，使线条第一次通过交点时呈断开状，第二次通过同一交点时呈连续状。只有从B点开始向远离D点方向前进的路线才能满足这个条件。

（5）C

在所给选项中，23×34、56×67 和 67×78 不能被5整除，它们可被排除。此外，34不能被4整除，而45是奇数，这表明 34×45 不能被4整除，该选项同样可以被排除。至此，我们还剩下最后一个选项，即 45×56。分解质因数，$45 \times 56 = 2^3 \times 3^2 \times 5 \times 7$。很明显，这个数可以被1~10（含）的所有整数整除，因为表达式中已经包含了素数2、3、5和7，其他整数可以转换成这些素数的组合：$4 = 2^2$，$6 = 2 \times 3$，$8 = 2^3$，$9 = 3^2$。

（6）B

如果红桃K说的是真话，梅花K说的就是假话，这意味着方块K说的是真话，而黑桃K说的是假话。反之，如果红桃K说的是假话，梅花K说的就是真话，这意味着方块K说的是假话，而黑桃K说的是真话。在这两种情况下，我们都可以断定说谎的人有两个，尽管我们没有办法确定到底谁在说谎。

（7）B

我们来看立方体的各个顶点，每三个面共用一个顶点，每两个面共用一条边。因此，这三个面需要涂成3种颜色。由于相对的两个面没有公共边，所以可以将它们涂成相同的颜色。这样一来，3种颜色就足够了。

（8）B

设我现在的年龄是 x，则祖母的年龄是 $4x$。5 年前，$4x - 5 = 5(x - 5)$。化简后可得 $x = 20$。因此，祖母今年80岁，我20岁。

（9）B

因为所给数字通过加或减的方式，就可以得到一个末位为0的数，所以我们可以把视线放在这些数的末位数上，它们分别是3、5、7和9。我们发现，第一个数的末位数是3，是正数。我们知道 $3 + 7 = 10$，但是5和9无法组合出末位数是0的数。因此，我们只能选择 $3 - 7$。也就是说，算式中的67前面必须是一个减号。于是，我们有 $123 - 67 = 56$。也就是说，我们需要将45和89组合，得到44，才能使最终结果为100。要实现这个目标，唯一的办法是用89减去45。因此，正确的算式是 $123 - 45 - 67 + 89$，其中包含两个减号、1个加号，所以 $p - m$ 等于 -1。

（10）A

如下图所示，我们可以拼凑出本题要求的瓷砖图案，因此黑白瓷砖的数量之比是 $1 : 1$。

鸡与数学

现实生活中的趣味问题

㊾ 百禽问题

在解决 100 只鸡的问题时，我们分别根据鸡的数目和价格列出了两个方程。在本题中，我们需要采用同样的方法。设鸭子、鸽子和母鸡的数量分别为 x、y、z，则：

（1） $x + y + z = 100$

（2） $2x + y/2 + z/3 = 100$

将方程（2）乘以 6，消去分母：

（3） $12x + 3y + 2z = 600$

将方程（1）乘以 2，把它变成一个包含 $2z$ 的方程：

（4） $2x + 2y + 2z = 200$

做完上述工作，就可以消去 $2z$，把两个方程合二为一了。整理方程（3），就可以得到 $2z = 600 - 12x - 3y$，代入方程（4），就有：

$$2x + 2y + 600 - 12x - 3y = 200$$

整理后可得：

（5） $10x + y = 400$

我们已经知道 x 和 y 都是整数，而且都小于 100。我们还可以推断出 y 一定是 10 的倍数。推理过程如下：我们知道 10 可以整除 400，由此可知 10 肯定也可以整除方程的另一边，即

$10x + y$。我们还知道10可以整除$10x$，由此可以推断出10肯定可以整除y，否则10就不能整除$10x + y$，这与前面的推理结果矛盾。

小于100且是10的倍数的数有：10、20、30、40、50、60、70、80和90。y不可能是70、80或90，否则与之对应的x只能是33、32和31，这样一来，鸭子与鸽子的数量之和，即x和y的和，就会大于100。所以，符合条件的6个解应是：10、20、30、40、50和60。与之对应，鸭子、鸽子和母鸡的数量分别为：

鸭子	鸽子	母鸡
39	10	51
38	20	42
37	30	33
36	40	24
35	50	15
34	60	6

㊼ 7-11便利店

我们需要确定4件商品的价格，但题目中与之有关的语句只有两个——这些商品价格的总和以及它们的乘积。

我们还是先列方程吧，设这4件商品的价格分别是a、b、c、d。

收银员告诉我们：

（1）$a \times b \times c \times d = abcd = 7.11$

（2）$a + b + c + d = 7.11$

根据算术基本定理，所有整数都可以表示成若干素数的唯一乘积形式。

这条定理将发挥重要作用，但目前我们还无法加以应用，因为定理涉及的是整数，而方程（1）中的乘积是小数7.11。因此，我们需要将方程（1）变成关于整数的方程。为了实现这个目标，我们需要采用替换法。

令 $A = 100a, B = 100b, C = 100c, D = 100d$。将这4个数相乘，就会得到：

（3）$A \times B \times C \times D = ABCD = 100\ 000\ 000abcd$

我们已经知道 $abcd = 7.11$，因此

（4）$ABCD = 711\ 000\ 000$

有了这个数，就好办了。算术基本定理告诉我们，711 000 000可以表示成若干素数的唯一乘积形式，也就是说，这些素数的乘积等于711 000 000。我们可以通过人工计算，也可以使用计算机（这个办法更好！）找出这些素数：

$711\ 000\ 000 = 2 \times 2 \times 2 \times 2 \times 2 \times 2 \times 3 \times 3 \times 5 \times 5 \times 5 \times 5 \times 5 \times 5 \times 79$

也就是说：

$ABCD = 2 \times 2 \times 2 \times 2 \times 2 \times 2 \times 3 \times 3 \times 5 \times 5 \times 5 \times 5 \times 5 \times 5 \times 79$

因此，A、B、C、D 这 4 个数都是由上面这些素数构成的。现在要解决的问题是，确定哪些数的乘积是 A，哪些数的乘积是 B，哪些数的乘积是 C，哪些数的乘积是 D。换言之，要确定如何将这些素数分配给 A、B、C、D。

接下来，我们考虑方程（2）。将该方程乘以 100，得到关于 A、B、C、D 的第二个方程：

（5）$100a + 100b + 100c + 100d = A + B + C + D = 711$

换句话说，在将上面这些素数分配给 A、B、C、D 后，还要保证 A、B、C、D 的和等于 711。

在这里我要告诉你们一个坏消息：我们没有捷径可走，只能采用试错法，一个一个地尝试。例如，假设 $A = 2 \times 2 \times 2 \times 2 \times 2 \times 2 = 64$，$B = 3 \times 3 = 9$，$C = 5 \times 5 \times 5 \times 5 \times 5 \times 5 = 15\,625$，$D = 79$。因为 $A + B + C + D = 15\,777$，所以这个假设不成立。

这一步在很大程度上要靠运气，但你会逐渐对 A、B、C、D 这 4 个数的大小产生一种模糊的感觉。我们学到的知识也会对猜测起到一定的作用。这些素数中有很多是 5，所以 A、B、C、D 中或许有两三个数是 5 的乘积。5 的乘积相加之后，和的末位数只能是 0 或者 5，因此第 4 个数的末位数一定是 6 或者 1。这个数是 79 的倍数，且末位数是 6 或者 1，符合这两个条件的最小数字是多少呢？由此，我们可以确定 A、B、C、D 的值是：

$A = 79 \times 2 \times 2 = 316$

$B = 5 \times 5 \times 5 = 125$

$C = 5 \times 3 \times 2 \times 2 \times 2 = 120$

$D = 5 \times 5 \times 3 \times 2 = 150$

所以，商品的价格 a、b、c、d 分别为 3.16 英磅、1.25 英磅、1.20 英磅和 1.50 英磅。

这道题最巧妙的地方不在于烦琐的试错过程，而在于根据数字 7.11 确定 4 件商品价格时采用的方法。

54 三个酒坛

知道台球桌问题的解法后，本题也就迎刃而解了。

55 两个水桶

我希望你是利用台球桌来解这道题的。

第一幅图表现的是从 (7,0)（先将 7 加仑的水桶装满）开球后的一系列步骤，第二幅图选择的起始点是 (0,5)，即先将 5 加仑的水桶装满。在第一幅图中，小球与球桌相交于横坐标为 6 的点之前，与球桌边沿碰撞的次数较少，因此通过这个方法在水桶里装 6 加仑水，装水的次数最少。

在第一幅图中，反弹点的坐标，也就是每次装水的加仑数，分别为 (7,0)、(2,5)、(2,0)、(0,2)、(7,2)、(4,5)、(4,0)、(0,4)、(7,4)

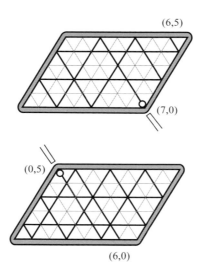

和(6,5)。因此，最快的做法是先在第一个桶中装7加仑的水，第二个桶中不装水。然后，将第一个桶中的水装进第二个桶，装满5加仑后，第一个桶中还剩2加仑的水。就这样，不断地来回装水。当最后一次把第二个桶装满之后，第一个桶中就恰好剩下6加仑的水。

56 加奶咖啡问题

假设瓶里有100毫升咖啡，碗里有100毫升牛奶。再假设我们将10毫升咖啡倒入牛奶，现在，碗里一共有110毫升牛奶和

咖啡······

好了，就此打住吧！

是的，我们可以随意假设一些数据，计算出最后的结果，再推广至所有情况。但是，还有一种更快、更简洁的方法。

我们先要明确一点：两种液体混合到一起后不会改变各自的化学属性，牛奶和咖啡的总体积保持不变。每个容器中的液体都只能是咖啡或者牛奶，没有第三种物质。

来回倒两次后，瓶里装的液体体积与开始时相同，但现在里面既有一定体积的咖啡，又有一定体积的牛奶。还有一些咖啡去哪儿了？都被倒进碗里了，因为咖啡的总量没有变化。所以，瓶里的牛奶与碗里的咖啡数量一定相等。瓶的容积、碗的容积以及每次倒了多少牛奶或者咖啡，都不会影响最后的答案。

把牛奶、咖啡换成饼干，把瓶子、碗换成罐子，理解起来可能会更容易一些。一个罐子里装有巧克力饼干，另一个罐子里装的是椰子味饼干。抓起一把巧克力饼干，放进装有椰子味饼干的罐子里。然后，从这个罐子里再抓起同样数量的饼干（由于罐子里既有巧克力饼干，也有椰子味饼干，所以这一次抓起的饼干中两种口味都有），再放入装巧克力饼干的罐子。

此时，装巧克力饼干的罐子里肯定装有巧克力饼干，还可能有椰子味饼干。不过，可以肯定的是，这个罐子里的椰子味饼干与另一个罐子里剩余的巧克力饼干一样多。

⑰ **水和酒**

如果每次只倒半品脱的酒水混合物，那么每个坛子里都不可能正好有一半水、一半酒。要使酒和水各占一半，唯一的办法就是将一个坛子里的酒水混合物全部倒到另一个坛子里。

不要利用具体数字来解这道题，否则你很快就会陷入分数的泥潭……

我们可以这样考虑。当你将高浓度的酒倒进装有低浓度的酒的坛子里时，第一个坛子里酒的浓度仍然高于第二个坛子，因为第一个坛子的酒的浓度没有变化，而第二个坛子里酒的浓度则是倒酒之前两个浓度的某个中间值。

起初，一个坛子里的酒的浓度为100%，另一个坛子里的酒的浓度为0。由于开始的时候这两个坛子里的酒的浓度不同，所以每次倒酒（无论是从浓度高的坛子倒向浓度低的坛子，还是相反）之后，两个坛子中酒的浓度仍然有一定差别。由此可知，这两个坛子里的酒与水永远不会达到各占一半的比例。

㊽ **精彩一刻钟**

一旦你知道在沙漏里的沙流完后可以立即将它翻转过来，你肯定会恍然大悟。

首先，像示例中采用的那个方法一样，把两个沙漏同时翻转过来。但是，等7分钟沙漏里的沙流完之后，我们再将它翻转一次。当11分钟的沙漏里的沙流完时，7分钟沙漏里的沙已经流了4分钟。此时，第三次翻转7分钟沙漏！因为这个沙漏里的沙还可以流4分钟，所以从开始到这个沙漏里的沙最后流完，正好耗时一刻钟。

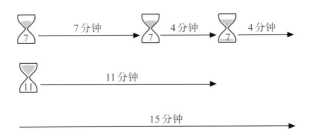

⑤　令人头晕眼花的引信

（1）根据题意，将引信一分为二后，并不能保证半截引信正好可以燃烧半小时。同理，如果从引信中剪去1/4的长度，剩下部分也不一定正好可以燃烧45分钟。因此，要解决这个问题，必须从多个角度开动脑筋。

如果我们点燃引信的一端，30分钟后再将它熄灭，那么不管剩余部分有多长，再次点燃它会在正好30分钟后燃尽。如果同时点燃引信的两端，30分钟后引信就会燃尽，尽管一端燃烧的距离比另一端长。

因此，我们可以取两根引信，一根引信同时点燃两端，另一

297

根则只点燃一端。30分钟后，一根引信燃尽，而第二根引信还可以燃烧30分钟。此时，点燃第二根引信的另一端。由于两端都被点燃，所以这根引信将在15分钟后燃尽。此时，距离它第一次被点燃正好过去了45分钟。

（2）从一端点燃后，一根引信可以燃烧一小时。两端同时点燃，可以燃烧半小时。如果一根引信可以从三个端点同时点燃，它燃烧的时间就是一小时的1/3，即20分钟，因为从三处同时燃烧，意味着引信燃烧的速度变成了原来的三倍。

但是，一根引信只有两个端点，不可能有三个端点。你可能也发现这个问题了吧……

不过，我们可以想办法绕开这个小问题。将引信分成两段，点燃其中一段引信的两头，同时点燃另一段引信的一头。这样，我们就如愿以偿地得到了三个燃烧点。

现在，我们需要保证整个引信一直保持三个燃烧点。一旦某一段引信燃尽，我们就需要将另一段剪成两段，然后点燃它们，并保证其中一段从两头燃烧，另一段从一头燃烧。重复这个步骤，直到引信短到无法再剪断为止。由于在引信几乎燃烧殆尽之前一直保持三个燃烧点，所以燃烧时间大约为20分钟。

❻⓿ 偏倚的硬币

第一个提出（并解决）这个问题的人是约翰·冯·诺依曼

（John von Neumann）。这位出生于匈牙利的数学天才不仅独自开创了一些新的领域，还几乎在他触及的所有科学领域都做出了显著的贡献。

　　偏倚硬币落地后，正面与反面朝上的概率不是各一半。不过，两次抛投一枚偏倚硬币，先得到正面再得到反面，与先得到反面再得到正面的可能性是相同的。（更正式的说法是：如果正面的概率是a，反面的概率是b，那么先正面后反面的概率是$a \times b$，先反面后正面的概率是$b \times a$，与$a \times b$相等。）因此，如果用偏倚硬币模拟公平硬币猜"先正后反（HT）"或"先反后正（TH）"，那么抛投两次后的可能结果是HT、TH、HH或TT。如果得到的是后两种结果，即两次抛投后硬币都是同一面朝上，则忽略不计，重新抛投两次。也就是说，如果得到HT或TH，则此轮结束；如果得到HH或TT，则重新抛投，直到得到HT或TH。得到HT或TH的可能性各占一半，所以借此能够模拟公平硬币的效果。

㉖ 分面粉

　　第一次称量：将面粉平分到天平的两个托盘中，使每个托盘各装500克。

　　第二次称量：把其中一份500克面粉放到一边，把剩下的那堆500克面粉分到两个托盘中，使每个托盘各装250克。

第三次称量：把其中一份500克面粉放到一边。利用两个总质量为50克的砝码，从其中一堆250克面粉中称出50克，则剩下的面粉重200克。把其余的面粉放到一起，正好重800克。

㉢ 巴歇砝码问题

我们知道，如果砝码只能放到一个托盘中，那么利用下面这组6个砝码，就可以称量1~63千克的所有整千克数：

1，2，4，8，16，32

现在要解决的问题是，如果两个托盘均可以放砝码，称量1~40千克的所有整千克数，最少需要多少个砝码？我们从1千克开始，看一看称量每个整千克数最少需要多少个砝码。只在迫不得已的时候，我们才添加新砝码，且尽可能选择大规格的新砝码。

我们把天平的两个托盘分别称作托盘A和托盘B。

在托盘A上放置1千克的重物后，需要在托盘B上放置一个1千克的砝码，天平才能保持平衡。也就是说，到目前为止，需要的砝码是：1。

在托盘A上放置2千克的重物后，需要在托盘B上放置一个2千克的砝码，天平才能保持平衡。我们还可以采用另一种方法，并引入一个更大的新砝码。由于砝码组合中已经有1千克砝码，所以我们可以在托盘 A 中放上 2 千克重物和 1 千克砝码，然后在托盘 B 上放一个 3 千克砝码，使天平保持平衡。

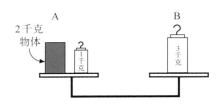

除此以外，我们无法用两个不同的整千克数砝码称量 2 千克的重物，因此砝码的组合变为 (1,3)。

利用 1 千克和 3 千克砝码，我们最大可以称量 4 千克的重物。在天平两边均可放砝码的前提下，称量 5 千克的重物，可以使用的最大新砝码是多少千克呢？

如果我们按照前面的方法，在 A 上放 5 千克的重物以及目前所有的砝码，即 1 千克 + 3 千克 = 4 千克砝码，则托盘 B 上需要放 9 千克的砝码，才能让天平平衡。

至此，砝码的组合变为 (1,3,9)。

利用 1 千克、3 千克和 9 千克砝码，我们可以称量的重物最多为 13 千克。在天平两边均可放砝码的前提下，称量 14 千克的重物，可以使用的最大新砝码是多少千克呢？

根据以上推理，答案是 14 千克 + 13 千克 = 27 千克。

于是，砝码的组合变为 (1,3,9,27)。

这组砝码最大可以称量40千克的重物。因此，如果天平两边都可以放砝码，砝码的个数就可以从6个减少到4个。

你可能发现了一个规律：如果砝码只能放到一个托盘上，砝码的规格就是一个递增数列，其中每一项都是前一项的两倍。如果两个托盘都可以放砝码，则新砝码的规格是前一个砝码的3倍。二倍递增数列与二进制数相对应，同理，三倍递增数列与三进制数（仅使用0、1、2这三个数字的数字系统）相对应。

例如，三进制的1 020表示个位为0，三位是2，九位是0，二十七位是1。因为6 + 27 = 33，所以三进制中的1 020等于十进制中的33。

㉓ 一枚假硬币

我们把这些硬币分别编为1~12号。

第一次称量时，在天平两边分别放上1~4号硬币和5~8号硬币。

如果天平平衡，则说明假硬币是剩余4枚硬币（即9~12号）中的一枚。

从剩余4枚硬币中取3枚，再从第一组（已确定是真硬币）中任取3枚，分别放到天平两边。假设选取的两组硬币分别是1、2、3号与9、10、11号。

如果天平平衡，则说明第12号硬币是假硬币。第三次（也是最后一次）称量时，从其余硬币中任取一枚，与假硬币一起分别放到天平两边，以确定假硬币与真硬币哪个更重。

如果天平不平衡，则说明假硬币是第9、10或11号。假硬币比真硬币轻还是重，取决于装9、10、11号硬币的托盘是上升还是下降。接下来，我们采用在讨论巴歇砝码问题时提到的那个方案，从9、10、11号硬币中任取两枚，放到天平两边，第三枚硬币暂时放到旁边。如果天平平衡，则放到旁边的那枚硬币是假硬币。如果我们已经知道假硬币较轻，那么在天平不平衡时，升起的那个托盘里装着的就是假硬币。如果我们已经知道假硬币较重，那么在天平不平衡时，下降的那个托盘里装着的就是假硬币。

如果第一次称量1~4号硬币和5~8号硬币时天平不平衡，则解决办法要复杂一些。

假设装1~4号硬币的托盘比装5~8号的托盘低。

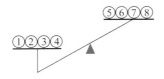

我们可以断定9、10、11和12号都是真硬币。

第二次称重时，从这些真硬币中选取一枚（比如9号），再从下降的托盘里取两枚硬币（比如1号和2号），然后把它们一起放到天平的一个托盘上。再从下降的托盘里取出剩下的两枚硬币（3号和4号），从上升的托盘里取一枚硬币（比如5号），将它们一起放到天平的另一个托盘上，进行称量。这一次称重不涉及6、7、8号硬币。

第二次称重有三种可能的结果：

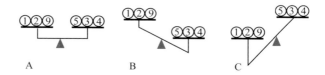

A   B   C

（A）天平平衡。可以断定假硬币是6、7、8号中的一个。第三次称重时比较6号与7号的重量。如果天平平衡，则说明假硬币是8号，而且可以断定假硬币较轻，因为第一次称重时，装有8号硬币的托盘升高了。如果6号上升，则6号是假硬币；如果6号下沉，则7号是假硬币。

（B）天平左边升高。可以断定假硬币是1、2、3、4、5号中的一个，因此可以排除6、7、8号。

如果假硬币是1、2、3、4号中的一个，则说明假硬币比真币重，因为第一次称重时装有1、2、3、4号硬币的托盘下沉了。我们进而可以断定，假硬币要么是3号，要么是4号。第三次称重时，比较3号与4号的重量就可以确定哪个是假硬币。

（C）天平右边升高。同（B）一样，可以断定假硬币是1、2、
3、4、5号中的一个，同时排除6、7、8号。同样，如果假硬币是1、
2、3、4号中的一个，则说明假硬币比真硬币重，因为第一次称
重时装有1、2、3、4号硬币的托盘下沉了。我们进而可以断定，
假硬币要么是1号，要么是2号。

但是，还有一种可能性没有考虑到。既然第一次称重时，装
有5、6、7、8号硬币的托盘上升，所以5号也可能是假硬币，而
且比真硬币轻。

因此最后一次称重时，比较1号与2号的重量。下沉的那个
托盘里装的就是假硬币。如果天平平衡，则5号是假硬币。

如果第一次称重时，装有1、2、3、4号硬币的托盘上升，
而装有5、6、7、8号硬币的托盘下沉，则推理过程同上，但在
称重时需要将1、2、3、4号与5、6、7、8号对换。

⑥④ 一摞假硬币

当然只需要一次！

从第一摞硬币中取一枚，从第二摞中取两枚，从第三摞取
三枚，从第四摞中取4枚，以此类推，直到最后一摞，然后一起
放到天平的托盘里。此时，托盘里一共有1 + 2 + 3 + 4 + …+ 10
共计55枚1英镑的硬币。

你知道每枚硬币的重量，因此可以算出55枚硬币的总重

量。天平读数与55枚硬币重量的差（以克为单位）就是那摞假硬币的编号。如果差是1克，则说明托盘里只有一枚假硬币，进而表明第一摞硬币是假硬币；如果差是2克，则说明托盘里有两枚假硬币，进而表明第二摞硬币是假硬币，以此类推。

65 从勒阿弗尔到纽约

第一次听到这道题时，我首先的反应是答案是7。显然，那些著名的法国数学家在第一次听到卢卡斯先生介绍这道题时，肯定和我的反应一样。

整个航程需要7天才能完成。因此，与你擦肩而过的客轮就是当天、第二天，直到你靠岸前一天从纽约出发的那些客轮，一共是7班。

错了！前一周从纽约出发的那些客轮不需要考虑吗？它们正在海上航行，你在乘船前行时，肯定会与它们相遇。正确的答案是：你刚离开勒阿弗尔，就会在港口遇到一班客轮（这班客轮一周前从纽约出发，正好于当天中午抵达）；你还将在海上遇到13班客轮；航行一周后，你将于中午抵达纽约，并在那里遇到即将离港的最后一班客轮。

下图可以帮助我们更好地理解这道题：

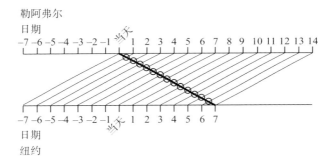

如果所有客轮以恒定速度前进，你每隔12小时就会遇到一班，分别是每天中午和午夜（勒阿弗尔时间）。

⑥⑥　往返旅程

我们考虑出发时顺风、返回时逆风的情况。

凭直觉，我们会认为顺风时的推动作用与逆风时的阻碍作用应该可以相互抵消，因为风在一个方向上的作用力与它在另一个方向上的作用力正好相等。假设风速为 W，那么出发时飞行速度增加了 W，返程时飞行速度又减少了 W。

然而，这个问题需要考虑的不是飞行速度，而是飞行时间。速度加快使得时间减少的量，比速度变慢使得时间增加的量更少，因为飞机以低速飞行的时间更长。

下面我们借助具体数字来考虑这个问题：

飞机以每小时500英里的速度飞行时，一小时飞行了500英里。

如果飞行速度每小时增加了100英里，则相同距离所需的飞行时间就会减少10分钟。（时间＝距离／速度。如果距离为500英里，速度为每小时600英里，即每分钟10英里，则航行时间为500/10 = 50分钟。）

如果飞行速度每小时下降了100英里，则相同距离所需的飞行时间就会增加15分钟。（如果距离为500英里，速度为每小时400英里，则航行时间为500/400 = 1.25小时，即75分钟。）

因此，当距离是500英里时，在风速是每小时100英里的情况下往返旅程所需的时间比无风时要多花5分钟。

但是，即便不费脑力完成上述计算，我们也可以想象风速等于飞机飞行速度时的情况。飞机完成第一个单程的时间将减半，但返程时的飞行速度将为0，也就是说，飞机根本无法起飞！

当然了，这是一种极端情况，但从中可以看出某种规律。无论飞机速度提升多少，你也不可能节约超过1小时的时间。与之相反，如果让飞机速度降至某个固定值，那么你有可能需要付出无限长的时间。综上所述，如果去程顺风、返程逆风，那么完成往返旅程需要的时间要比无风时多。

但是，如果遇到的是侧向风呢？侧向风可以分解成两个部分：顺风（或逆风）以及与航向垂直的风。我们已经知道前者会增加往返旅程所需时间，那么后者会产生什么效果呢？如果遇到垂直的侧向风，飞机必须沿与风成一定角度的方向飞行，才能保持笔直的航线。也就是说，飞行速度并未全部用于完成由A至B的飞行，其中一部分需要用来抵消风的影响。因此，去程与返程需要的飞行时间都会增加。

由此可见，往返旅程的最佳条件是无风天气。

(67) 里程数问题

你的第一反应肯定是，汽车行驶1 000英里之后，短程里程表将恢复为000.0，此时两个里程表的前4位数才能再次相同。

汽车在此前的基础上继续行驶了876.6（1 000 – 123.4）英里，仪表盘的读数如下图所示：

继续行驶130英里之后，两个读数的前两位数相同：

继续行驶3.5英里，此时的读数就是我们要找的答案。

133557
1335

所以，汽车再行驶1 010.1英里，两个里程表读数的前4位数才会再次相同。

(68) 超越

这两个问题都不难，但正因为简单，我们懒惰的大脑往往不愿意认真思考。

（1）在超过第二名之后，你现在的名次是第二名。

（2）不可能出现超越最后一名的情况。如果后面还有其他选手，那么这位被超越的选手就不可能是最后一名。

(69) 跑步的方式

这又是一道违背直觉的趣题。达芙妮的速度是每英里8分1秒，康斯坦茨则以每英里8分钟的速度匀速前进，达芙妮似乎不可能击败康斯坦茨。

当然，达芙妮肯定有胜出的可能，否则就不会有这道题了。这位每英里都比对手慢1秒的选手只要经过精心设计，就有可能在26.2英里的比赛中胜出。

　　我们先来看达芙妮在比赛中的跑步方式。她的速度不是恒定不变的，而是以同样的时间跑完每个1英里的赛程。她是如何做到的呢？

　　下图展示的是选手在比赛中的速度曲线。从图中可以看出，这位选手在完成每1英里的赛程时，先以较快的恒定速度跑完长度为 a 的部分，然后以较慢的速度跑完剩余的部分。如果该选手重复采用这个策略完成整个比赛，那么总的来说，她的速度是有变化的，但是跑完每英里所花的时间却保持不变。因为在每个1英里的赛程中，其中的 a 部分都是以高速完成的，而其余部分则是以低速完成的。

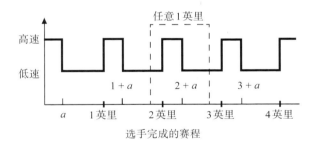

选手完成的赛程

　　如果达芙妮用这个方法跑马拉松，我们就可以帮她做一些调整，以取得最佳成绩。马拉松全长26.2英里，达芙妮每跑完1英里，就会比康斯坦茨多用时1秒钟，因此在跑完26英里时，她需要多用时26秒。也就是说，达芙妮必须在余下的0.2英里赛程中弥补这26秒的差距。

我们帮达芙妮想出了一个方法：在完成每1英里的比赛时，以较快速度跑完前0.2英里，然后以较慢速度跑完剩余的0.8英里。接下来，我们必须将讨论的焦点由距离变为时间。假设达芙妮用x秒跑完前0.2英里，用y秒完成剩余的0.8英里。那么她跑完每1英里所花的时间为 $x + y$ 秒。

根据题意，达芙妮跑完每1英里所需时间为8分1秒，即481秒。因此，我们可以列出下列方程：

（1） $x + y = 481$

康斯坦茨跑完每1英里需要8分钟，因此她跑完马拉松一共需要 $26.2 \times 8 \times 60$ 秒，即12 576秒。

现在假设达芙妮跑完马拉松所花的时间仅比康斯坦茨少1秒，即12 575秒。因为她的整个比赛包含了27个前0.2英里和26个后0.8英里，所以我们可以列出下面这个方程：

（2） $27x + 26y = 12\ 575$

我们很容易就能解出这组方程。由方程（1）可知， $y = 481 - x$ 。代入方程（2），求出 $x = 69$ 秒， $y = 412$ 秒。因此，如果达芙妮在每1英里的比赛中用69秒迅速跑完前0.2英里，再用412秒跑完剩余部分，那么虽然按照每英里比赛用时来计算，她都比不上康斯坦茨，但最终她却能以1秒钟的微弱优势击败对手。

(70) 干瘪的土豆

答案是50千克，土豆的重量减少了一半！这道题非常有意思，因为答案与我们的直觉相悖。

但是，这道题涉及的计算过程却非常简单。

水在土豆中占99%的比例，我们不妨把剩余的1%称作“土豆精华”。

当土豆重量是100千克时，其中包含1千克的“土豆精华”和99千克的水。“土豆精华”与水的比例关系是1∶99。部分水分蒸发后，土豆中水的比例降为98%。此时，“土豆精华”与水的比例关系变成了2∶98，即1∶49。由于“土豆精华”的重量仍然是1千克，所以水的重量肯定减少至49千克，土豆总重量则变为1千克+49千克=50千克。

这道题告诉我们，计算比例关系时很容易出错。出题人处心积虑地营造了一种变化不大的错觉：由99%变为98%，只下降了1/99。但是，与之相应的变化却是由1%变成2%，增加了一倍。

在涉及百分比问题时，借助具体数字加以考虑往往会简单得多。想象一下，如果用下列方式重新表述这道题，会有什么样的效果呢？房间里有1名女性和99名男性。在一部分男性离开之后，房间中女性的百分比由1%变成了2%。请问有多少名男性离开了房间？答案是原有总人数的一半，正好是50人。

(71) 涨薪水的方式

或许你单凭猜测也能做对这道题。B计划看上去吝啬得多，所以我们几乎可以立马判定它其实比不上A计划。

（1）A计划

起始年薪为10 000英镑。每6个月薪水将增加500英镑。也就是说，第一个半年的薪水为5 000英镑，第二个半年的薪水将增加500英镑，第三个半年的薪水再增加500英镑，以此类推。我们把前两年的薪水情况列表如下：

	半年薪水		半年薪水		全年薪水
第1年	5 000英镑	+	5 500英镑	=	10 500英镑
第2年	6 000英镑	+	6 500英镑	=	12 500英镑

（2）B计划

起始年薪也是10 000英镑，但加薪要等到年底。因此，第一年的薪水是10 000英镑。此时，B计划已经不及A计划了。按照B计划，第二年的薪水有一个很大的增幅，数额为2 000英镑，因此到第二年年底，薪水变为12 000英镑。

	全年薪水
第1年	10 000英镑
第2年	12 000英镑

大幅涨薪之后，B计划仍然比不上A计划，而且这种态势将

继续保持下去。结果就是，幅度较小但频率较高的累积涨薪的效果超过了一年一度的大幅涨薪。

72　棘手的问题

如果下刀的位置是随意选择的，那么木棒上任意一点被选中的可能性都是相同的。

因此，下刀位置在木棒左半截儿和右半截儿的可能性各占一半。（可以不考虑木棒的中点，因为在这个位置下刀将把木棒砍成长度相等的两截儿，就不存在哪一截儿更短的问题了。）

现在，我们考虑下刀位置在左半截儿的情况。在木棒被砍成两截儿后，左半截儿比右半截儿短，长度在零与木棒长度的一半之间。事实上，由于左半截儿上的各个点是下刀位置的可能性都相同，所以较短的那一截儿的平均长度是木棒长度一半的一半，即木棒长度的1/4。下刀位置在右半截儿时，结果相同。因此，木棒被砍成两截儿后，短的那一截儿的平均长度是木棒原来长度的1/4。

73　握手问题

一共有10人参加晚宴：爱德华、露西和4对夫妻。所以，每个人最多可以和9个人握手——除自己以外的所有人。

但根据题意，所有人都不能和自己认识的人握手。我们可以认定所有人都认识自己的配偶，因此每个人最多可以和8个人握手。

9个人给爱德华的答案都不相同，因此他们的答案只能是0、1、2、3、4、5、6、7和8。

考虑回答8的这个人。他（她）肯定与除自己配偶以外的所有人都握过手，因此，除了他（她）的配偶以外，所有人都至少与这个人握过手。由此可知，回答0的人肯定与回答8的人是夫妻。

以同样方式考虑回答7的人。他（她）肯定与除自己配偶及回答0的人以外的所有人都握过手，因此，除了他（她）的配偶及回答0的人以外，所有人都至少与两个人握过手。由此可知，回答7的那个人的配偶肯定是回答1的那个人。

继续上述推理过程，就会发现回答6与回答2的两个人是夫妻，回答5和回答3的人是夫妻。最后剩下的这个人，也就是露西，一共与4个人握过手。

❼❹ 握手礼与亲吻礼

首先考虑握手礼。所有男性都与其他男性握手。因此，如果来宾中只有一名男性，那么这名男宾将与爱德华握手，一共有1次握手。如果有两名男宾，则一共有3次握手——两名男宾彼此之间握手，并各自与爱德华握手一次。如果有三名男宾，则一共有6次握手。请你想一想，为什么一共有6次握手?

所以，我们可以确定来宾中一共有3名男性。

女性与除自己丈夫以外的所有人都行亲吻礼。我们知道一共有3名男宾，露西与每名男宾都要行亲吻礼，即3次亲吻礼。

亲吻礼一共有12次，因此剩余的9个亲吻礼肯定需要由女宾完成。假设有1名女宾，名叫爱娜。如果爱娜是独自赴宴，那么她将与爱德华、露西和3名男宾行亲吻礼，共计5次。如果她是与丈夫同行，那么她将与4人行亲吻礼。因为亲吻礼的次数还不够9次，所以我们再增加一名女宾，名叫比阿特丽斯。

如果比阿特丽斯与所有人都行亲吻礼，那么她将亲吻6人；如果她已经结婚，则与5人行亲吻礼。爱娜与比阿特丽斯的亲吻礼相加之后，能凑齐我们需要的9次吗? 答案是肯定的，如果这两个人都与丈夫同行，就会行4＋5次亲吻礼。至此，我们已经知道答案了：一共有5名客人（包括两对夫妻和一名男宾）出席了晚宴。

🄏 对号入座

这道题没有我们想象的那么复杂，不需要计算，也不需要列方程。其难点在于如何选择正确的方法，只要方法得当，问题就会迎刃而解。

问题涉及100个人，我们不妨逐个考虑他们就座的情况。

为避免将人员弄混，我们假设排在队伍第一名的人是A，排在最后一位的是Z。然后，我们可以对问题进行重新表述：如果A任意选择一个座位就座，那么Z可以对号入座的可能性是多少？

在下图中，把座位按顺序排成一行，并分别标记为A的座位、Z的座位（以下分别称作座位A、座位Z）。

考虑一下，如果A坐到座位A上或者座位Z上，会产生什么结果？如果A坐到座位A上，那么其余所有人，包括Z，都可以对号入座。（A的票没有丢失的话，就会是这种情况。）

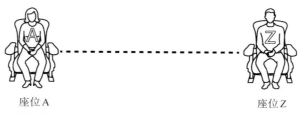

座位A

A坐到座位A上

座位Z

如果A坐到座位Z上，Z显然就不能坐到自己的座位上，因为他的座位已经被A占了。在这种情况下，Z将坐到座位A上。

座位A

座位Z

A坐到座位Z上

答　案

　　根据题意，A将随机选择座位，因此座位A与座位Z被选中的概率相等。如果只有这两个座位，那么Z坐到自己座位上的概率是50%。

　　接下来考虑A坐到其他座位上的情况。假设A选择的是N的座位（N在队伍中排第n位）。

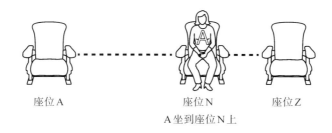

座位A　　　　　　座位N　　　　座位Z

A坐到座位N上

　　如果A坐在座位N上，那么在队伍中排在N前面的所有人都可以对号入座。N是第一个无法坐到正确座位上的人，因为A占了他的座位。于是，N在剩下的座位中随机选择了一个。

　　N可以选用的座位包括座位A以及排在他后面的所有人的座位（包括座位Z）。

　　因此，N可以坐到座位A上（这意味着Z可以对号入座）或者坐到座位Z上（这意味着Z无法对号入座），也有可能坐到M的座位上（M排在N的后面、Z的前面）。

　　如果只考虑N坐到座位A或座位Z这两种情况（概率相同），则Z对号入座的概率为50%。但是，如果N坐到座位M上呢？

当轮到M就座时，她将面临N之前面临的情况：有可能坐到座位A或Z上（两者概率相同），也有可能会坐在尚未进入剧院的其他人的座位上。如果M坐到尚未入场的其他人的座位上，那么上述情况将再次上演。

在上述每个环节中，所有观众选择座位A与座位Z的概率都是一样的。如果这名观众选择了另外一个人的座位，那么在座位A与座位Z之间的选择权就将顺延给下一个入场的观众。最终，当所有人都入场之后，肯定有一个人必须在座位A与座位Z之间做出选择。

在必须随机选择一个座位时，所有人选择座位A与座位Z的概率都是相同的。既然选择座位A就意味着Z可以对号入座，而选择座位Z则会产生相反的结果，那么Z最终对号入座的概率就是50%。

你是地理天才吗？

（1）罗马（Rome）。

（2）缅因州，因为美国北部大西洋海岸线向东延伸的幅度比你想象的大。

（3）格拉斯哥、普利茅斯、爱丁堡、利物浦、曼彻斯特，因为苏格兰的版图向西倾斜。

（4）巴黎、西雅图、新斯科舍省哈利法克斯、阿尔及尔、东京。

（5）复活节岛、澳大利亚珀斯、开普敦、布宜诺斯艾利斯、蒙得维的亚。

（6）德国一共与9个国家接壤，按顺时针方向，依次为：丹麦、波兰、捷克、奥地利、瑞士、法国、卢森堡、比利时和荷兰。

（7）人口由少到多依次为：马尔维纳斯群岛、设得兰群岛、马恩岛、泽西岛和怀特岛。

（8）加拿大。

（9）令人意想不到的是，中国只有一个时区，尽管中国从东到西的距离约为3 000英里，几乎是伦敦到莫斯科距离的两倍。

（10）阿空加瓜山，6 962米；麦金利山，6 194米；乞力马扎罗山，5 892米；厄尔布鲁士山，5 642米。

我要栽 9 棵树，请你帮帮忙

㉖ 6 枚硬币

如下图所示，先将硬币排列成平行四边形，然后按照箭头指示，移动各枚硬币。

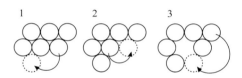

㉗ 三角形变直线

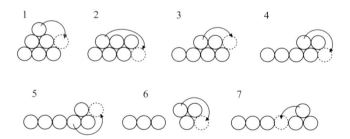

㉘ 变化无穷的"水"

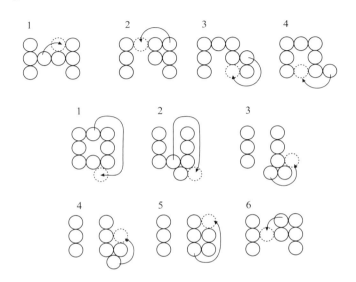

㉙ 5枚一便士硬币

　　杜德尼的解法是先将一枚硬币平放到桌面上，再将两枚硬币平放到第一枚硬币的上方，然后让剩下两枚硬币顶部互相依靠站立在第一枚硬币上，同时让它们的底部或接近底部的位置与另外两枚硬币接触。只有心灵手巧的人才能做到，但这种解法的确符合题意。藤村幸三郎在《东京趣题集》中称，他的一名读者想出了另一种解法，只需要让一枚硬币竖立即可解决问题。

⑧ 栽 10 棵树

这道题要求我们把两排硬币（每排5枚）变成5排，每排4枚硬币。

因为只能改变4枚硬币的位置，所以合乎情理的做法是从一排硬币中取出一枚（使之变成第一个包含4枚硬币的排），然后从另一排5枚硬币中取出3枚。

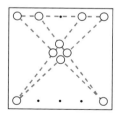

从上图可以看出，第一排4枚硬币与另一排两枚硬币两两相连，就可以形成余下的各包含4枚硬币的4排。在这个方案中，我移动了上面一排正中间的那枚硬币，以及下面那排中间的三枚

硬币。实际上，我们移动上面（或下面）那排中的任意一枚硬币，再移动下面（或上面）那排中的任意三枚硬币，都可以完成题目。以下是通过移动不同硬币完成题目的两种解法。

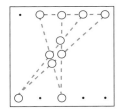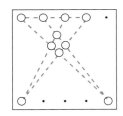

那么，一共有多少种解法呢？从一排5枚硬币中选取一枚有5种选法，选取三枚有10种选法，因此从上面一排选一枚并从下面一排选三枚硬币，一共有50（5×10）种选法。此外，从下面一排选取一枚并从上面一排选取三枚，又有50种选法。因此，本题一共有100种解法。

我可以接受这个答案。但是，如果有人发现这100种解法又分别有24种完成方法（因为移动的4枚硬币有24种排列方式），那么我还要给他加分！比如，我们以上面第一个解法为例。在这个解法中，被移动的4枚硬币形成了一个方块。我们从最上方的那枚硬币开始，按顺时针方向，将这4枚硬币分别编号为A、B、C、D。当它们以A、B、C、D的顺序排列时，我们有一个答案，当它们以A、B、D、C或A、B、D等不同顺序排列时，我们又会得到不同的答案，而A、B、C、D一共有24种排列组合。

因此，解法共有100 × 24 = 2 400种。

以下是杜德尼绘制的树木排列图，每幅图中的10棵树排成5行，每行有4棵树。

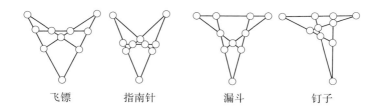

飞镖　　　　指南针　　　　漏斗　　　　钉子

⑧ 空间争夺赛

如果采用下面这个方法，先手玩家肯定获胜。

第一名玩家先将第1枚硬币放到桌子的正中央。接下来，无论第二名玩家将硬币放到哪个位置，第一名玩家只需在相对的位置放下另一枚硬币即可。如下图所示，如果第二名玩家将硬币放在A点，则第一名玩家放到A′点。同理，如果第二名玩家将硬币放在B点或C点，则第一名玩家可以放在B′或C′点。

由于一开始时桌面上没有硬币，所以只要第二名玩家将一枚硬币放到桌上，第一名玩家就可以在相对的位置上放下另一枚硬币。所以，第一名玩家永远不会输，而第二名玩家最终会发现桌子上再也找不到空白位置了。

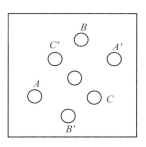

如果你希望利用雪茄来玩这个游戏，那么在放第一根雪茄时，就必须让它竖立在桌面上，而不能让它平躺放置，因为雪茄的两头是不一样的——一头是平的，另一头呈锥形。（你应该庆幸我把雪茄换成了硬币。因为在当今社会，即使经常混迹伦敦俱乐部的人也未必掌握旋转对称的知识。）

如果第一名玩家将雪茄平躺放在桌子中间（如图所示），第二名玩家在紧贴着雪茄锥形一端的D点放下一根雪茄，那么第一名玩家在D'点放下另一根雪茄时，就无法保证它不与中间那根雪茄接触。而换成硬币后，则不存在这个问题。

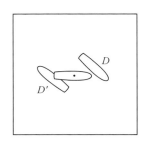

82 泰特的棘手问题

第一道泰特问题解法如下：

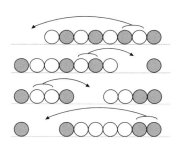

5枚硬币的泰特问题解法如下：

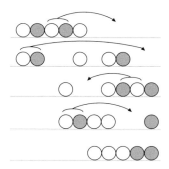

83 4摞硬币

如下图所示，按数字指示移动硬币。图中双线表示两枚硬币叠放在一起。

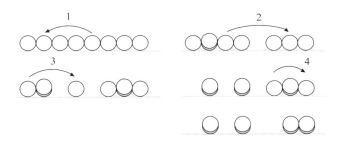

84 青蛙和蟾蜍

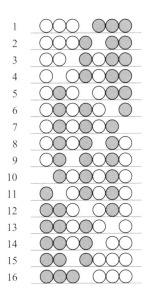

㉟ **三角跳棋**

同前面的解法一样，先拿掉2号位硬币。令人想不到的是，这个解法的第一步及最后一步都与6步解法相同。它的巧妙之处在于第3步：不能一路跳到底。

1．7号位硬币跳到2号位。

2．1号位硬币跳到4号位。

3．9号位硬币跳到7号位，再跳到2号位。

4．6号位硬币跳到4号位，再跳到1号位，之后跳到6号位。

5．10号位硬币跳到3号位。

㊻ **看不见的硬币**

如果那名观众告诉你有 x 枚硬币正面朝上，那么你可以从这10枚硬币中拿出 x 枚，并将它们全部翻转。这样一来，你就成功地将这10枚硬币分成了两组，而且两组中正面朝上的硬币数量相等。

例如，假设那名观众告诉你有3枚硬币正面朝上，你可以任意取出3枚，组成一组，然后将它们全部翻转。此时，这些硬币与剩余硬币中正面朝上的硬币数量就会相同。无论你选择的3枚硬币中本来有几枚正面朝上，这个方法都能取得成功。

同理，假设那名观众告诉你有5枚硬币正面朝上，你可以任意取出5枚，组成一组，然后将它们全部翻转。此时，这些硬币与剩余硬币中正面朝上的硬币数量也会相同。无论你选择的5枚硬币中本来有几枚正面朝上，你都可以取得成功。

注意，你无法知道你翻转的那组硬币以及剩余硬币中有多少枚正面朝上，你也没说你知道。你能确定的只是这两组硬币中正面朝上的硬币数量相同。这个解法极其简单，但是给人一种魔术般的神奇感觉。

大家可以再尝试几次。比如，让3枚硬币正面朝上，然后按照不同的正反面组合选择3枚硬币，再将它们翻转。多试几次，你就会明白其中的道理。

不过，我们需要具备一定的代数知识，才能证明它的正确性。

假设那名观众告诉你这10枚硬币中有x枚正面朝上。任选x枚硬币，并将它们定义为A组，将剩下的硬币定义为B组。如果A组中的硬币都是正面朝上，那么B组都是反面朝上。将A组全部翻转之后，这些硬币全部变成反面朝上。此时，两组中正面朝上的硬币数量相等，都是0。

再假设A组中没有正面朝上的硬币。这就意味着正面朝上的x枚硬币全部在B组。在我们将A组翻转之后，A组中将有x枚硬币正面朝上，B组中也有x枚硬币正面朝上，两者数量再次相等。

接下来，我们假设A组中既有正面朝上的硬币，又有反面朝上的硬币。设A组中有y枚硬币反面朝上，则该组中正面朝上的硬币数为$(x-y)$，从而说明 B 组中正面朝上的硬币数为y。因此，将 A 组全部翻转之后，A 组中将有$(x-y)$枚硬币反面朝上，正面朝上的硬币数为y，与 B 组相同。

玩这个小魔术时，硬币总数可以任意选择，不仅限于 10 枚。如果你知道一共有多少枚正面朝上，就可以从全部硬币中选取那么多数量的硬币，并将它们全部翻转，得到的两组硬币中正面朝上的硬币数量相同。

❽⓻ 100 枚硬币

本题的解法之所以有效，是因为 100 是一个偶数。

将这些硬币从 1~100 编号。如果佩妮先拿，那么她能拿到所有奇数编号的硬币，或者所有偶数编号的硬币。如果她希望拿到所有奇数编号的硬币，那么在一开始的时候她可以拿 1 号硬币。接下来，鲍勃可以在 2 号和 100 号硬币中任选一个，但无论他如何选择，再次轮到佩妮时她都可以拿到一枚奇数编号的硬币。她拿了这枚硬币后，又轮到鲍勃做选择，此时这排硬币的首尾两端都是偶数编号的硬币。因此，鲍勃只能再拿一枚偶数编号的硬币。就这样，佩妮拿奇数，而鲍勃拿偶数，直至所有硬币被二人拿完。同理，如果佩妮希望拿到所有偶数编号的硬币，她一开始就应该选择 100 号硬币。接着，鲍勃只能从 1 号和 99 号硬币中任选一个，佩妮再次获得拿偶数编号硬币的机会。

　　因此，佩妮需要计算所有奇数编号硬币的总面值，以及所有偶数编号硬币的总面值，然后比较两者的大小，从而决定应该拿所有奇数编号还是所有偶数编号的硬币。如果奇数编号硬币的总面值与偶数编号硬币的总面值不同，那么佩妮肯定可以获胜。如果奇数编号硬币与偶数编号硬币的总面值相同，那么佩妮选择奇数或者偶数编号，最后拿到的钱都与鲍勃相同。因此，佩妮至少可以拿到与鲍勃同样多的钱。

　　如果我们再加一枚硬币，使硬币总数变成101枚，这个游戏就会产生一个非常有意思甚至看似违背常理的结果：鲍勃将获胜，尽管他拿到的硬币数量少于佩妮！在佩妮第一次从这一排硬币中拿走一枚之后，桌上还剩下100枚硬币。接下来鲍勃就可以采用上述佩妮用过的方法，根据总面值的大小，选择拿奇数编号或者偶数编号的硬币。只在一种情况下鲍勃会输，那就是奇数编号硬币与偶数编号硬币的总面值之差小于佩妮第一次选取的那枚硬币的面值。

　　令人吃惊的是，决定胜负的竟然是那排硬币的奇偶编号，而不是那些硬币的面值，也不是硬币的总数。

⑱ "释放"硬币

　　用另外一根火柴点燃两个玻璃杯中间的那根火柴，并在火柴头被点燃后迅速将火吹灭。这样一来，这根火柴就会黏在右边那个玻璃杯上。此时，你可以拿起左边的玻璃杯，取走那枚硬币。

89 修整三角形

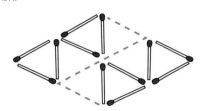

90 变来变去的三角形

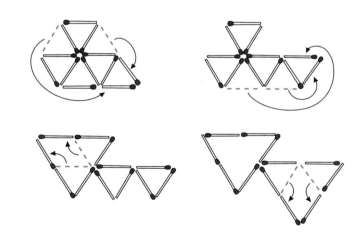

⑨ 增加三角形的个数

（1）
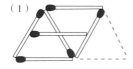

（2）
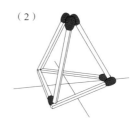

⑨ 如何才能彼此接触

⑨ 点对点

94 两个封闭区域

 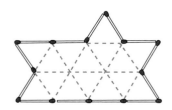

95 折叠邮票

要将这些邮票折叠成1–5–6–4–8–7–3–2的次序，可以采用以下方法：

第1步：对折，使6号与7号背对背，然后将食指和大拇指放在6号和7号的正面，把它们用力捏到一起。

第2步：伸出另一只手，将4号的正面折向8号的正面。用食指和大拇指将这两枚邮票捏到一起。

第3步：弯曲4号和8号，并让它们穿插到6号与7号之间。此时，我们已经把6号、4号、8号、7号邮票排成了正确的先后次序。

第4步：把包含1号、2号、5号、6号的这个部分抚平，然后将5号的正面折向6号的正面。至此，问题就解决了。

杜德尼称，要折叠成1–3–7–5–6–8–4–2这个次序，"难度更大。有人认为做不到，因此没有仔细考虑。但是根据'我发现的一条定律'，这肯定能实现"。

第1步：沿着中间那条水平线，将整联邮票对折，使1、2、3、4号正面朝上，5、6、7、8号正面朝下。

第2步：将5号的正面折向6号的正面。

第3步：将一个大拇指放在1号上，食指放在2号上，捏住邮票。用另一只手捏住这联邮票的另一端，即8号和4号，并使8号朝上、4号朝下。下面的折法需要技巧：将8号与4号从1号与5号中间穿过，并继续向前，穿插在6号与2号之间，从而使3号和7号位于1号与5号之间。任务完成！

⑨⑥ 4 张邮票

我们可以通过下列方式从整联邮票中撕下4张：

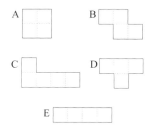

在统计不同形状时，必须非常小心，所有的方位与旋转方向都不能遗漏。

形状A有6种构成方式。

上图所示的形状B有4种构成方式，旋转90度后还有3种构成方式。将这个形状沿垂直轴翻转，使之由Z形变成S形，就会增加4种构成方式。将这个S形旋转90度后，构成方式又增加了3种。因此，形状B一共有14种构成方式。

上图所示的形状C有4种构成方式，旋转90度后有3种构成方式，旋转180度后有4种构成方式，旋转270度后有3种构成方式，共计14种。与形状B一样，将C沿垂直轴翻转后，又会得到14种构成方式。因此，形状C一共有28种构成方式。

上图所示的形状D有4种构成方式，旋转90度后有3种构成方式，旋转180度后有4种构成方式，旋转270度后有3种构成方式，因此D一共有14种构成方式。

E只有3种构成方式。

因此，解决方案共有6 + 14 + 28 + 14 + 3 = 65种。

(97) 支离破碎的棋盘

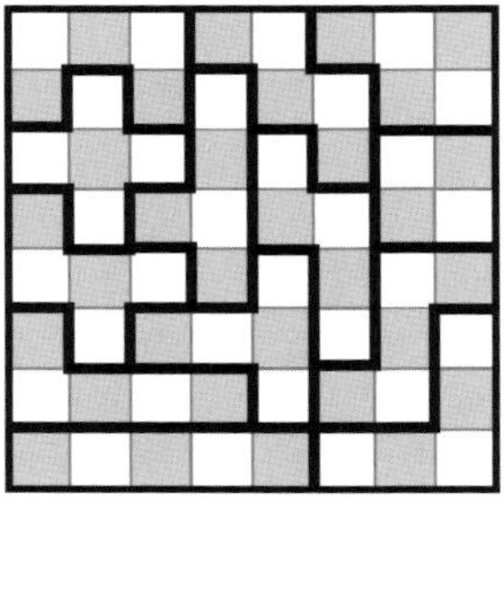

98 折立方体

只要在第4个、第6个方格之后将这张纸对折，就可以轻松地折出立方体。

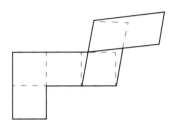

99 不可思议的辫子

本题有多种解法，最快的方法是让这三股塑料条相互缠绕两次，童子军的领带皮环就使用了这个方法。本书不准备做详细介绍，大家可自行尝试，也能编出符合题意的辫子。（感兴趣的读者还可以上网搜索解法。）

我之所以喜爱这道题，是因为我们根据常识就可以编好这根辫子。实际上，这道题最方便的解法十分简单，一旦掌握之后，你就会认为解开这道题简直是小菜一碟。现在，大家需要做的就是按照下面的指示，一步一步地完成。

我想大家应该都会编辫子——先把左边那股从上方绕过中间那股，再把右边那股从上方绕过中间那股，然后依次是左边、右边、左边、右边……如下图所示，1先绕过2，然后3绕过1（此时3位于中间）；接下来，让2（位于左侧）绕过3（位于中间），以此类推。

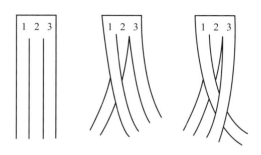

我说过，这3股辫子要缠绕6次，这个提示信息很重要。我们暂且忽略这3股塑料条的头尾两端都连接在一起的事实。我们从上端开始，先让1绕过2，然后让3绕过1，再重复4次，总共绕了6次。（只有心灵手巧的人才能完成这项工作。因此我建议大家使用塑料条，而不是容易断裂的纸条。）用大拇指和食指捏住第6个相交的位置，此时整个塑料条就是下面这种杂乱无章的模样。

答　案

塑料条之所以变成这副模样，是因为我们在上端编辫子的时候，下端就会发生与之相反的扭曲变化。绕了6次之后，我的拇指左侧的塑料条已经变成了题目要求的辫子，但右侧塑料条却乱七八糟地缠绕在一起。

现在该怎么办呢？当然是用另一只手将右侧的塑料条理顺。让右端从那一堆塑料条绳结中穿过，连续几次之后，绳结就会被彻底解开。理顺辫子中的3股塑料条，使之变得平整。至此，我们就编好了这条不可思议的辫子。

这个解法谈不上简洁，但实用有效。看到问题后的第一反应有时就是正解，题目要求我们编辫子，我们就编辫子！

你连 13 岁的孩子都不如吗？

（1）B

这 4 句话彼此矛盾，因此至多有一句话是正确的。如果只有一句话是正确的，毫无疑问就是第二句。

（2）A

如果重叠部分是三角形，那么这个三角形肯定有两条边是正方形的相邻两边，因此这个三角形肯定有一个角是 90 度。由此可见，重叠部分不可能形成三个角都是 60 度的等边三角形。其他形状可通过下列方式构成。

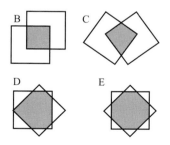

（3）D

考虑等式两边的个位数，就可以找出正确的等式。$44^2 + 77^2$ 的个位数是 5（因为 4^2 的个位数是 6，7^2 的个位数是 9），$55^2 + 66^2$

与 $66^2 + 55^2$ 的个位数是 1，$99^2 + 22^2$ 的个位数是 5，因此这些选项都不正确。我们只需要进行一些验证工作，就可以找出正确答案是：$88^2 + 33^2 = 7\,744 + 1\,089 = 8\,833$。

（4）D

显而易见，符合条件的组合中至少有两个按钮位于"开"的状态。包含两个"开"、三个"关"的组合只有一种，即"关""开""关""开""关"。包含三个"开"、两个"关"的组合有 6 种。包含 4 个"开"、一个"关"的组合有 5 种。最后，包含 5 个"开"的组合只有一种。因此，一共有 13 种符合题意的组合。

（5）E

先考虑千位上的情况。已知所有字母代表的数字都不同，S = 3，因此 M 只能是 0、1 或 2。我们可以排除 0 和 1，否则就会因为"MANY"这个数过小而致使算式根本不可能成立。由此可见，M = 2，我们还知道百位上要进 1。由此可以确定 A = 9，因为如果 A 小于 9，算式肯定无法成立。我们继而可以断定 U 只能是 0，首先是因为它不能是 9（9 已经被占用），其次是因为从十位进 1 后，只有 0 符合要求。再考虑十位上的情况。因为 N 不可能是 9（9 已经被占用），所以 N 只能是 8，且十位肯定从个位进 1。至此，我们发现 O + Y = 13。符合这个条件的 O 与 Y 只能是 4和 9，5 和 8，或 6 和 7。由于 8 和 9 都已经被占用，所以只剩下最后一个可能，即6和7，$6 \times 7 = 7 \times 6 = 42$。

（6）D

只有在钟面读数由 09 59 59 变成 10 00 00，由 19 59 59 变成 20 00 00，以及由 23 59 59 变成 00 00 00 时，6 个数字才会同时发生变化。

（7）D

前6个正立方数为1、8、27、64、125和216。显然，64不可能是三个正立方数的和，因为小于64的三个正立方数之和是$1 + 8 + 27 = 36$。同理，125也不可能是三个正立方数的和，因为小于125的三个正立方数的和，即$8 + 27 + 64 = 99$。但我们发现$27 + 64 + 125 = 216$，因此216是等于三个正立方数之和的最小立方数。

（8）C

前三项分别是–3、0、2，则第四项为$-3 + 0 + 2 = -1$，第五项为$0 + 2 - 1 = 1$，以此类推。该数列前13项为：–3, 0, 2, –1, 1, 2, 2, 5, 9, 16, 30, 55, 101。

（9）C

第1页至第9页是9个数字，第10页至第99页是180个数字，在页码从第100页变为三位数之前，所有页码一共是189个数字。剩余的663个数字还可以表示221个三位数的页码，因此这本书的总页数为$9 + 90 + 221 = 320$页。

答　案

（10）B

　　根据想象，这个"十字架"有三个水平层。第一层只有1个立方体，粘贴在原立方体的上表面上。第二层包括原立方体以及粘贴在该立方体各个侧面上的4个立方体。第三层也只有1个立方体，粘贴在原有立方体的下表面上。当我们往这个"十字架"上添加黄色立方体时，第一层中蓝色立方体的上表面将粘贴1个黄色立方体，4个侧面也分别粘贴1个黄色立方体；第二层的蓝色立方体上将粘贴8个黄色立方体；第三层的蓝色立方体与第一层一样，也将粘贴5个黄色立方体，因此一共需要18个黄色立方体。

纯粹的数字游戏

为纯粹主义者准备的问题

⑩ 照镜子

两个算式的得数相等！这个答案看似出人意料，甚至会让你发出惊呼。但是，如果你一列一列比较计算结果，你就会发现这两个算式的得数的确应该相等。左边算式的第一列有1个9，即$1×9$，而右边算式第一列有9个1，即$9×1$。左边算式的第二列有2个8，即$2×8$，而右边算式第一列有8个2，即$8×2$。其余各列同样如此，因此两个算式的总和相等。

⑩ 做高斯第二

如果我们把所有这些数字列出加法竖式，如高斯般的敏锐眼光就会告诉我们算式的每一列（个位、十位、百位和千位这4列）都包含相同的数字，都有6个1、6个2、6个3和6个4，虽然这些数字在各列中出现的先后次序有所不同。我们可以轻松地算出各列数字之和：$(6×1) + (6×2) + (6×3) + (6×4) = 6 + 12 + 18 + 24 = 60$。因此，这24个数字的和为：

```
   60
   60
   60
   60
66660
```

⑩ **加法表**

这道题有两种解法，你可以使用其中任意一种。我把第一种解法称作阿尔昆法（因为这个解法使用的数字配对方式与阿尔昆使用的1~100求和法如出一辙），把第二种解法称作高斯法。

1	2	3	4	5	6	7	8	9	10
2	3	4	5	6	7	8	9	10	11
3	4	5	6	7	8	9	10	11	12
4	5	6	7	8	9	10	11	12	13
5	6	7	8	9	10	11	12	13	14
6	7	8	9	10	11	12	13	14	15
7	8	9	10	11	12	13	14	15	16
8	9	10	11	12	13	14	15	16	17
9	10	11	12	13	14	15	16	17	18
10	11	12	13	14	15	16	17	18	19

阿尔昆法：由左上角至右下角，将所有数字按对角线方向配成对。你就会得到$(1 + 19) = 20$，$(2 + 18) = 20$，$(3 + 17) = 20$……一直到$(9 + 11) = 20$，其中第一个数字组合有1组，第二个组合有2组，第三个组合有3组，以此类推。因此，所有组合的和为$20 + (2 \times 20) + (3 \times 20) + \cdots + (9 \times 20)$，即$(1 + 2 + 3 + \cdots +9) \times 20 = 45 \times 20 = 900$。但是，对角线上的10个10还没有统计进来。因此，所有数的和为$900 + 100 = 1\,000$。

高斯法：第一行各数之和为 $(1 + 10) + (2 + 9) + \cdots + (5 + 6) = 5 \times 11 = 55$，第二行的各个数字分别比第一行的对应数字大 1，因此第二行各数之和等于第一行各数之和加 10。同理，第三行各数之和等于第二行各数之和加 10，即第一行各数之和加 20。因此，表中所有数字之和为：

$$55 + (55 + 10) + (55 + 20) + \cdots + (55 + 90)$$

整理后为：

$$(10 \times 55) + (10 + 20 + 30 + \cdots + 90)$$

$$=$$

$$550 + 10 \times (1 + 2 + 3 + \cdots + 9) = 550 + (10 \times 45) = 550 + 450 = 1\,000$$

⑩ 整整齐齐的 9 个数

某些数字肯定不能填到某些位置，例如 1 不能出现在乘法运算中，因为一个数乘以 1 仍等于这个数，而每个数字只能出现一次。但是，要做出这道题，除了试错法，真的别无他法。答案就是：

$$9 - 5 = 4$$
$$\times$$
$$6 \div 3 = 2$$
$$=$$
$$1 + 7 = 8$$

答　案

（105）　魔鬼等式

$27 \times 3 = 81$

$6 \times 9 = 54$

（106）　套在圆圈里的数

和为11：

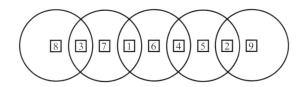

和为13：

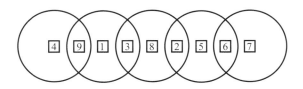

和为14：

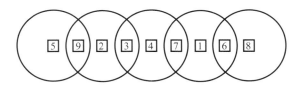

⑩ 4个4

除了下面给出的解法以外，很多数还可以通过不同的算式得到。

2~9的算法：

$$2 = \frac{4}{4} + \frac{4}{4}$$

$$3 = \frac{4+4+4}{4}$$

$$4 = 4 + 4 \times (4-4)$$

$$5 = \frac{4 \times 4 + 4}{4}$$

$$6 = \frac{4+4}{4} + 4$$

$$7 = 4 + 4 - \frac{4}{4}$$

$$8 = 4 + 4 + 4 - 4$$

$$9 = 4 + 4 + \frac{4}{4}$$

10~20的算法：

$$10 = \frac{44-4}{4}$$

$$11 = \frac{44}{\sqrt{4} + \sqrt{4}}$$

$$12 = 4 \times (4 - \frac{4}{4})$$

$$13 = \frac{44}{4} + \sqrt{4}$$

$$14 = 4 \times 4 - 4 + \sqrt{4}$$

$$15 = 4 \times 4 - \frac{4}{4}$$

$$16 = 4 \times 4 + 4 - 4$$

$$17 = 4 \times 4 + \frac{4}{4}$$

$$18 = 4 \times 4 + 4 - \sqrt{4}$$

$$19 = \frac{4 + \sqrt{4}}{(0).4} + 4$$

$$20 = (4 + \frac{4}{4}) \times 4$$

答　案

21~30 的算法：

$21 = 4! - 4 + \dfrac{4}{4}$

$22 = 4 \times 4 + 4 + \sqrt{4}$

$23 = 4! - \sqrt{4} + \dfrac{4}{4}$

$24 = 4 \times 4 + 4 + 4$

$25 = 4! + \sqrt{4} - \dfrac{4}{4}$

$26 = 4! + \sqrt{4 + 4 - 4}$

$27 = 4! + 4 - \dfrac{4}{4}$

$28 = (4 + 4) \times 4 - 4$

$29 = 4! + 4 + \dfrac{4}{4}$

$30 = 4! + 4 + 4 - \sqrt{4}$

31~40 的算法：

$31 = \dfrac{(4 + \sqrt{4})! + 4!}{4!} = 31$

$32 = 4 \times 4 + 4 \times 4$

$33 = 4! + 4 + (\sqrt{4}/(0).4)$

$34 = 4 \times 4 \times \sqrt{4} + \sqrt{4}$

$35 = 4! + 44 / 4$

$36 = 44 - 4 - 4$

$37 = 4! + \dfrac{4! + \sqrt{4}}{\sqrt{4}}$

$38 = 44 - (4!/4)$

$39 = 4! + \dfrac{4!}{4 \times (0).4}$

$40 = 4! - 4 + 4! - 4$

41~50 的算法：

$41 = \dfrac{4! + \sqrt{4}}{(0).4} - 4!$

$42 = 44 - 4 + \sqrt{4}$

$43 = 44 - (4/4)$

$44 = 44 + 4 - 4$

$$45 = 44 + \frac{4}{4}$$

$$46 = 44 + 4 - \sqrt{4}$$

$$47 = 4! + 4! - \frac{4}{4}$$

$$48 = (4 + 4 + 4) \times 4$$

$$49 = 4! + 4! + \frac{4}{4}$$

$$50 = 44 + 4 + \sqrt{4}$$

（以上答案引自 mathforum.org，在此表示感谢。）

⑩ 我们的哥伦布问题

$$80.\dot{5} \text{（或 } 80\frac{55}{99}\text{）}$$

$$(0).\dot{9}\dot{7} \text{（或 } \frac{97}{99}\text{）}$$

$$+ (0).\dot{4}\dot{6} \text{（或 } \frac{46}{99}\text{）}$$

$$\overline{\hspace{2cm}82}$$

因为 $\frac{55}{99} + \frac{97}{99} + \frac{46}{99} = \frac{198}{99} = 2$，所以上式中的分数相加正好可以得到整数结果。

⑩ 3 和 8

$$24 = \frac{8}{3 - \frac{8}{3}}$$

⑩　小孩子的把戏

如果有人认为孩子们做某道题的速度快于成年人，这就说明这道题可能对理解能力要求不高，只需通过观察找出简单的规律即可。看到一系列数字，成年人立刻就会想到数值。但是，本题中的数字没有任何数值意义，仅代表形状。数一数每个四位数中有多少个圈，等号右边的数字就是统计结果。符号8有2个圈，0有1个圈，9有1个圈，因此数字8 809有6个圈。同理，2 581中圈的个数是2。

⑪　跟着箭头走（1）

希望你没有想得过于复杂，规则其实非常简单。看到每个数字后，将两个数位上的数字相乘即可：

$7 \times 7 = 49$　　　$4 \times 9 = 36$　　　$3 \times 6 = 18$

因此，下一个数字是$1 \times 8 = 8$。

⑫　跟着箭头走（2）

规则是求每个数中的两个数字的平方和。因此：

$0^2 + 4^2 = 16$，$1^2 + 6^2 = 37$，$3^2 + 7^2 = 58$

根据这个规则，缺失的数应该是20，因为：

$4^2 + 2^2 = 20$，$2^2 + 0^2 = 4$

在做这道题时，我盯着$4 \rightarrow 16$看了好长时间才意识到必须运用求平方这个方法。接下来，我考虑如何通过平方由16得到37，就豁然开朗了。

113 **跟着箭头走（3）**

如果你是第一次见到这道题，肯定会觉得它很难，因为所有的算术法则似乎都不适用。

但是，如果你轻轻地读出这些数字，就会发现表示这些数字的英文单词越来越长：

ten（10）

nine（9）

sixty（60）

ninety（90）

seventy（70）

sixty-six（66）

把它们写到纸上，就能清楚地看出其中的规律。第一个数字有3个字母，第二个有4个字母，第三个有5个字母，其余的数字分别有6个、7个和8个字母。这些数字按照单词的长度排列，每一项都比前一项多一个字母。

因此，下一项应该包含9个字母。但是，包含9个字母的数字有很多！例如，forty-four（44）、fifty-five（55）、sixth-nine（69）、ninety-six（96）都含有9个字母。应该填哪一个呢？

我们继续考察列出的这些数字。

含有3个字母的数词只有one（1）、two（2）、six（6）和ten（10）。

含有4个字母的数词只有four（4）、five（5）和nine（9）。

数列中的每个数都是由同样数量的字母构成的数字中最大的一个，我们可以利用其他数字来验证这条规则。

由9个字母构成的最大数是ninety-six（96），因此答案是ninety-six（96）。

但是，不要着急，以下这个数字：

10 000 000 000 000 000 000 000 000 000 000 000 000 000 000 000 000 000 000 000 000 000 000 000 000 000 000 000 000 000 000，即 10^{100}，可以写成"googol"（古戈尔）。古戈尔含有6个字母。在这个数后面加一个0，就会变成10古戈尔（ten googol），正好有9个字母。因此，它才是最佳答案。

据说，谷歌（Google）在以前的面试中经常使用这道题，可能就是基于以上的原因吧。

⑭　字典难题

这部字典收录了1 000的五次方个数字。所有数字的开头肯定是"one"（1）、"two"（2）、"three"（3）、"four"（4）、"five"（5）、"six"（6）、"seven"（7）、"eight"（8）、"nine"（9）、"ten"（10）、 "eleven"（11）、"twelve"（12）、"thirteen"（13）、"fourteen"（14）、"fifteen"（15）、"sixteen"（16）、"seventeen"（17）、"eighteen"（18）、"nineteen"（19）、"twenty"（20）、"thirty"（30）、"forty"（40）、"fifty"（50）、"sixty"（60）、"seventy"（70）、"eighty"（80）或者"ninety"（90）。

因此，第一个条目肯定是8。

同理，最后一个条目的开头肯定是2，因为上述单词按照字母顺序排列时，"two"应该排在最后。不过，本题的答案不是2，因为以"two"开头的数词（除了2本身以外）在字典中都排在"two"的后面。2之后的第二个单词可以是"trillion"（万亿）、"billion"（十亿）、"million"（百万）、"thousand"（千）或者"hundred"（百），其中"trillion"按照字母顺序排在最后，因此最后这个数字的前两个单词是"two trillion"。这个数的第三个单词肯定还是"two"。后面依次是"thousand""two""hundred""two"。也就是说，答案是2 000 000 002 202。

第一个奇数的开头肯定是8，但8显然不是我们要找的答案，因为8是偶数。在可用的第二个单词（包含"trillion"、"billion"、"million"、"thousand"和"hundred"这5个单词）中，按字母顺序排在最前面的是"billion"。随后的5个字母肯定是"eight"，可选的表达有"eighteen"（18）、"eighty"（80）、"eight million"（800万）、"eight thousand"（8 000）和"eight hundred"（800）。最终，

"eighteen"胜出。按照同样的方法，继续往下推理。后面的表达依次为：million、eighteen、thousand、eight、hundred和eighty。至此，我们知道这个数字应该是8 018 018 88X，其中X表示最后一位数。因为这个数是奇数，所以X只能是"one"、"three"、"five"、"seven"和"nine"中的一个。最终，five胜出。

因此，答案是8 018 018 885。

按照上述方法，可以推断出排在最后的奇数是2 000 000 002 203。

附送的问题：SEND MORE MONEY（再送一点儿钱）

我们已经取得的进展是：

$$9\,END$$
$$+\ 1\,ORE$$
$$=1\,ONEY$$

如果千位上有进位数，那么1 + 9 + 1 = 1O（其中，O是大写英文字母），说明O = 1。但这是不可能的，因为M = 1。由此可见，千位上没有进位数。因此，O = 0。这一步很关键，因为0与字母O形状相似，容易让我们分心！

不过，百位上肯定有进位数，否则E + 0 = N，就会导致E = N，这是不允许的，因为两个字母必须代表不同的数字。至此，原算式变成了下面这种形式：

$$9 \overset{1}{E} \overset{x}{N} D$$
$$+ \quad 1 \, 0 \, R \, E$$
$$= 1 \, 0 \, N \, E \, Y$$

我在十位上的进位数位置写了一个 x。如果有进位数，则 $x = 1$，反之，$x = 0$。我之所以写上 x，是因为我们可以根据剩余几列的计算列出下面三个方程：

百位：$E + 1 = N$

十位：$x + N + R = 10 + E$（10代表进位数）

个位：$D + E = Y + 10x$

如果 $x = 0$，那么将第二个方程中的 N 替换成 E + 1 后就会得到：

$E + 1 + R = 10 + E$

化简后可以得到：

$R = 9$

这个结果是不成立的，因为 S = 9。所以，$x = 1$，同时上述三个方程变为：

$E + 1 = N$

$N + R = 9 + E$

$D + E = Y + 10$

将第二个方程中的 N 替换成 E + 1 后就会得到 E + 1 + R = 9 + E，

化简后可得 R = 8。

$$\begin{array}{r} 9\ \overset{1}{E}\ \overset{1}{N}\ D \\ +\ 1\ 0\ 8\ E \\ \hline =1\ 0\ N\ E\ Y \end{array}$$

现在，我们还有下面两个方程：

E + 1 = N

D + E = Y + 10

数字 0 和 1 已经被占用，因此 Y 肯定大于或等于 2，从而说明 D + E > 12。由于 9 和 8 已经被占用，所以 D 和 E 只能分别是 6 和 7（不分先后）或 5 和 7（不分先后）。

下面可假设这两个数是 6 和 7，即假设 E 是 6 或者 7。如果 E = 6，则 D = 7。此时会产生矛盾，因为根据 E + 1 = N，N 也等于 7，而不同字母必须代表不同的数字。我们考虑另一种情况，假设 E = 7。根据方程 E + 1 = N，可以得出 N = 8，但 8 已经被字母 R 占用。

因此，D 和 E 为 5 和 7 或者 7 和 5。

根据同样的原因可知，E 不可能等于 7，否则就会产生 N = 8 这个不可能的结果。因此最后的结果是，D = 7，E = 5，Y = 2，N = 6。

$$9\overset{1}{5}\overset{1}{6}7$$
$$+\quad 1085$$
$$=10652$$

⑪⑤ **三个女巫**

第1步：T只能是1。两个6位数相加，和是一个7位数，那么这个7位数的第一个数位上只能是1。（在这个环节，我们可以忽略第三个4位数，因为它不可能使这个7位数的第一个数位变成大于或等于2的数。由于每个字母都代表不同的数字，所以DOUBLE + DOUBLE + TOIL的值最大为987 543 + 987 543 + 6 824 = 1 981 910。）

$$D \quad O \quad U \quad B \quad L \quad E$$
$$D \quad O \quad U \quad B \quad L \quad E$$
$$\underline{\qquad 1 \quad O \quad I \quad L \quad +}$$
$$1 \quad R \quad O \quad U \quad B \quad L \quad E$$

第2步：在解字母算术趣题时，必须时刻注意进位数。每一列都有可能从右边一列进1，同时，每一列还有可能向左边一列进1。

考虑千位上的情况。我们需要计算U + U + 1（可能还要加上从百位上进位的 1），而且得数的个位数必须是 U。

通过排除法，我们发现，在有进位数时，U 只能等于 8，因为 8 + 8 + 1 + 1 = 18；在没有进位数时，U 只能等于 9，因为 9 + 9 + 1 = 19。无论是哪种情况，都会向万位进 1。

$$
\begin{array}{r}
\text{D O U B L E} \\
\text{D O U B L E} \\
\text{1 O I L +} \\
\scriptstyle 1 \\
\hline
\text{1 R O U B L E}
\end{array}
$$

第 3 步：考虑万位上的情况。我们知道 O + O + 1 的得数的个位数是 O，符合这个条件的数只能是 O = 9，还说明万位必须向十万位进 1。既然 9 被 O 占用，那么 U 只能等于 8。根据上面的计算，千位上也必须有进位数 1。

$$
\begin{array}{r}
\text{D 9 8 B L E} \\
\text{D 9 8 B L E} \\
\text{1 9 I L +} \\
\scriptstyle 1 \quad 1 \quad 1 \\
\hline
\text{1 R 9 8 B L E}
\end{array}
$$

第 4 步：百位上得数的个位数是 B。百位上的算式有两种可能：第一，B + B + 9；第二，有进位数时的算式为 B + B + 9 + 1。

如果是第一种可能，则B为1；如果是第二种可能，则B为0。因为T是1，所以B只能是0，同时说明这一列有进位数1。

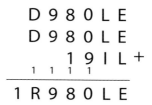

第5步：D肯定大于5。D不能是5，否则就会导致R＝1，而1已经被其他字母占用了。所以D与R的值只能是D＝6且R＝3，或D＝7且R＝5。

同理，我们可以缩小E、L和I的取值范围。

到目前为止，还有6个数字没有确定，分别是2、3、4、5、6和7。

E不可能是2，否则就会导致L＝8，而8已被占用；E也不可能是5，否则就会导致L＝5。

如果E＝3，L＝7，这个组合与D和R的两个可能组合相互矛盾。

如果E＝7，L＝3，也会导致同样的问题。

如果E＝6，L＝4，I＝5，也与D和R的两个可能组合相互矛盾。

只有当 E = 4，L = 6，I = 3 时，可推断出 D = 7 且 R = 5。至此，问题解决。

$$
\begin{array}{r}
798064 \\
798064 \\
1936 \\
{\scriptstyle 1\ 1\ 1\ 1\ 1} \\
\hline
1598064
\end{array}
$$

⑪⑥ 奇数和偶数

在解这道"长"乘法问题时，我们先分头考虑其中的两个"短"乘法：

（1）EEO × O = EOEO

（2）EEO × O = EOO

我们从（2）开始，这个等式表明三位数 EEO（乘数）与奇数 O（被乘数）的乘积是一个三位数。被乘数不能是 1，否则乘数就会与积相等，这与题意相矛盾。乘数的首位是一个偶数，因此它最小是 201。由此可见，被乘数不可能大于或等于 5，因为 201 × 5 的得数 1 005 是一个 4 位数，这与题目给出的三位数得数相矛盾。因此，我们可以断定，被乘数是 3。既然被乘数是 3，那么乘数的首位数只能是 2，因为如果首位数大于或等于 4，得数同样是一个 4 位数。至此，我们已经推断出：

（3）2EO × 3 = EOO

乘数的十位数是偶数，而乘积的十位数是奇数。偶数乘以3后，得数仍然是一个偶数。因此，要让算式成立，乘数的个位数乘以3时必须进位，而且进位数是奇数。由于1、3与3相乘时没有进位，所以乘数的个位数只能是5、7或9。如果这个个位数是5，相乘时就会进1（5 × 3 = 15）；如果这个个位数是7或9，相乘时就会进2（7 × 3 = 21，9 × 3 = 27）。我们知道进位数是一个奇数，因此乘数的个位数只能是5。

（4）2E5 × 3 = EOO

乘数的十位数是0、2、4、6或8，但我们可以排除4和6，因为245 × 3 = 735，265 × 3 = 795，都与题意不符（因为得数的首位数是偶数）。所以，乘数只能是205、225或285。

推断出这些信息后，我们接着考虑等式（1）。

（1）有下面三种可能：

（a）205 × O = EOEO

（b）225 × O = EOEO

（c）285 × O = EOEO

得数的首位数是偶数，所以它肯定大于2 000。但是，如果被乘数是1、3、5或7，则（a）、（b）、（c）的得数都小于2 000。由此可见，被乘数肯定是9。既然被乘数是9，那么满足条件的等式只能是（c），因为（a）的得数小于2 000，（b）的得数是

2 025，这与得数的第二位数必须是奇数的条件相矛盾，所以：

（1）$285 \times 9 = 2\,565$

现在，我们可以写出完整的算式了：

$$
\begin{array}{r}
2\,8\,5 \\
\times\quad 3\,9 \\
\hline
2\,5\,6\,5 \\
8\,5\,5 \\
\hline
1\,1\,1\,1\,5
\end{array}
$$

⑰　自带提示信息的填字游戏

在做题之前，我们先做一下准备工作，列出各个数词对应英文的长度：

3个字母：one（1）、two（2）、six（6）、ten（10）

4个字母：four（4）、five（5）、nine（9）

5个字母：three（3）、seven（7）、eight（8）

6个字母：eleven（11）、twelve（12）、twenty（20）

7个字母：fifteen（15）、sixteen（16）

8个字母：thirteen（13）、fourteen（14）、eighteen（18）、nineteen（19）

第1步：我在正文部分已经说过，纵8肯定是"ONE *"的形式，因为前面的数字大于1时，条目中就必须包含表示复数的s，这样一来，条目的长度就至少是6格。横10占6格，因此它也肯定包含一个大于1的数字，且这个数字包含纵8末尾的那个字母"*"。可用数字有one、two、six和ten。但是，one、two及ten将导致纵8变成"ONE E"、"ONE O"或"ONE N"，这三个结果都不符合题意！通过排除法，可以断定纵8是"ONE X"，横10是表示字母#个数的"SIX #s"。（#等符号分别表示某一个字母。下同。）

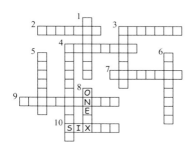

第2步：纵4含有一个8个字母长度的数词，所以该条目应该是THIRTEEN、FOURTEEN、EIGHTEEN或NINETEEN Ss。我们可以排除FOURTEEN和NINETEEN，因为横4需要一个包含5个字母的数词，而在以F或N开头的数词中，没有任何单词是由5个字母构成的。我们知道在一共12个条目中，只有一个条目中的字母是单数形式（即纵8）。其余11个条目末尾一共有11个S。另外，横10中的SIX还有一个S，使S的总数变成了12个。除非其他条目中包含有SIX、SEVEN、SIXTEEN或

SEVENTEEN，否则S的数量就不会再增加了。但是，由于其他条目都不包含3个字母、7个字母和9个字母的单词，所以我们可以排除SIX、SIXTEEN和SEVENTEEN。由此可见，多出来的S肯定来自SEVEN这个单词。只有3个条目有可能包含SEVEN，也就是说，S最多有15个。所以，我们把EIGHTEEN从纵4的备选答案中排除。于是，纵4只能是"THIRTEEN Ss"，横4只能是"THREE ?s"，纵1只能是"FOUR @s"。

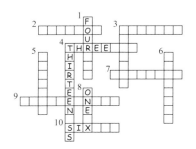

第3步：如果一共有13个S，而我们已经确定了12个，那么根据我们之前的计算，应该还有一个条目包含"SEVEN"。可以容纳"SEVEN"的条目正好只有2个，即纵6和横7。如果是横7，纵3这个条目表示的就是字母E的个数，整个条目应该是FOUR、FIVE或NINE Es。此时，整个表格里已经有7个E（包括这个"SEVEN"中包含的E）了，所以可以排除FOUR和FIVE。我们还可以把NINE也排除掉，因为纵3填入

NINE，就会把横4变成THREE Ns，但是表格里已经有4个N了（分别来自NINE、THIRTEEN和SEVEN）。因此，纵6只能是"SEVEN !s"。

　　这就意味着横7要么是THREE，要么是EIGHT。到目前为止，我们已经使用了12个字母，即E、F、H、I、N、O、R、S、T、U、V和X。由于我们知道表格里一共只包含12个字母，所以我们可以排除EIGHT，因为EIGHT含有字母G。也就是说，横7是"THREE Vs"。

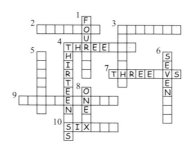

　　第4步：纵3只能是"FOUR Hs"，因为填入FIVE的话，横4就变成了"THREE Vs"，这与横7一模一样，不符合12个条目只包含12个不同字母的条件。在剩下的这些字母中，E出现的次数最多，因此横9肯定是"THIRTEEN Es"。横9不可能包含FOURTEEN，否则纵5表示的就是字母U的个数，而U的个数已由横4表示了。横9也不可能包含EIGHTEEN（含有字母G）或

NINETEEN，因为剩下的空格不可能补足19个E。剩下的3个数词都只含有4个字母。既然表格中一共有THREE Vs（3个V），但目前只出现了1个V，所以剩下的两个V都必须来自FIVE。由于一共有THREE Us（3个U），表格里现在有两个U，所以还需要一个FOUR来提供剩余的U。也就是说，一共有4个O，因此横2只能是"FOUR Os"，纵5只能是"FIVE Is"，横3只能是"FIVE Fs"，横10只能是"SIX Ts"。纵1与纵6剩下的空格只能是N和R。

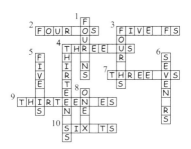

⑩　十位数中的自传数

　　对于这道题，我准备从明显不正确的答案开始，通过系统分析，逐步锁定目标。我们的任务是在第二行填入自传数，使填入的每个数都与它上方的阿拉伯数字在第二行中出现的次数一致。

　　先假设填入的第一个数是9。

0	1	2	3	4	5	6	7	8	9
9									

如果填入的第一个数是9，则说明这个自传数包含9个0。在这种情况下，后面填入的其他数就只能都是0。但是，我们知道这个自传数至少包含1个9，因此后面填入的数字不可能都是0。

再假设填入的第一个数是8。

0	1	2	3	4	5	6	7	8	9
8									

这就意味着在剩余的9个空格里有8个0。由于至少有1个8，所以在第一行的8下面肯定是一个除了0以外的数字（记作x），而其他空格里的数都只能是0。

0	1	2	3	4	5	6	7	8	9
8	**0**	**0**	**0**	**0**	**0**	**0**	**0**	**x**	**0**

但是，x无法取值！x不能是1，因为第二行第二格中的数字是0，它表示的是这个自传数中包含的1的个数。同理，x取任何值都会导致矛盾。

在进一步分析之前，我们可以做一些推理，看看第二行中的数字有哪些特点。这些数字之和等于10，因为每个数都表示某个阿拉伯数字在这一行中出现的次数。第二行一共有10个空格，因此所有数字的和肯定等于10。

接下来，我们假设填入的第一个数字是7。

0	1	2	3	4	5	6	7	8	9
7									

我们知道一共要填写7个0。由于这个自传数含有7，所以我们可以断定，在第一行的数字7下方填入的肯定是一个除0之外的数字，而且是1、2、3中的一个。（如果这个数大于3，所填数字的总和就会大于10。）但是，无论这个数字是几，都会导致无解。假设在7下方填入的数字是1，那么在1的下方只能填一个除0之外的数字。这个数字不能是1，否则自传数中就会有两个1。这个数也不能是2，否则2下方的数就将是一个除0之外的数字，与共有7个0的条件相矛盾。利用同样的方法，我们可以推断出7下面不能填入2或3。

接下来，填入6。

0	1	2	3	4	5	6	7	8	9
6									

一共有6个0。6的下方是一个除0之外的数字，假设是1。

0	1	2	3	4	5	6	7	8	9
6						1			

　　这就意味着1下方是一个除0之外的数字。由于第二行中的各个数字之和一定等于10，所以1下方的数只能是1、2或3。首先，我们可以排除1，因为在1的下方填入1后，第二行中就有两个1，与题意不符。如果填入的是2，那么2下方的数只能是1，只有这样各个数字之和才能等于10。胜利的曙光就在眼前！现在还有6个空格，只能全部填入0。至此，问题得以解决。

0	1	2	3	4	5	6	7	8	9
6	**2**	**1**	**0**	**0**	**0**	**1**	**0**	**0**	**0**

⑲　泛迪吉多数引发的混乱

　　10个阿拉伯数字的组合一共有 $10 \times 9 \times 8 \times 7 \times 6 \times 5 \times 4 \times 3 \times 2 \times 1 = 3\,628\,800$ 种。只要0不出现在首位，这些组合就都是泛迪吉多数（所有泛迪吉多数的首位都不是0）。当0排在首位时，这10个阿拉伯数字的组合可被视为9位数，共有 $9 \times 8 \times 7 \times 6 \times 5 \times 4 \times 3 \times 2 \times 1 = 362\,880$ 种可能的组合。所以，10位数的泛迪吉多数共有 $3\,628\,800 - 362\,880 = 3\,265\,920$ 个。

⑫　泛迪吉多数与泛整除性

我们将逐个确定这10个阿拉伯数字的位置。我们先从最简单的入手。任何可以被10整除的数，末位数都是0，因此 $j = 0$。可以被5整除，说明末位数是0或5，因此 $e = 5$。

确定这两个数字之后，泛迪吉多数就变成了下面这种形式：

$a\,bcd\,5fg\,hi0$

一个数可以被一个偶数整除，说明这个数也是一个偶数，因此 b、d、f、h 都是偶数。也就是说，b、d、f、h 是2、4、6、8的某种组合，剩下的几个未知数，即 a、c、g、i，是剩下的几个阿拉伯数字（奇数1、3、7、9）的某种组合。

现在，考虑可以被4整除这个条件。我们知道 $abcd$ 可以被4整除，因此可以确定 cd 也可以被4整除。满足 c 是奇数、d 是偶数（前面的推断结果）且 cd 可以被4整除这几个条件的 cd，只能是12、16、32、36、72、76、92或96。由此可见，d 是2或6。

一个数可以被3整除的条件是：如果某个数所有数位上的数字之和可以被3整除，这个数就可以被3整除。这条规则反过来同样正确：如果一个数可以被3整除，那么它所有位数的和也可以被3整除。

因此，$a + b + c$ 可以被3整除。

可以被6整除的数一定可以被3整除，因此 $a + b + c + d + e + f$ 也可以被3整除。

如果两个数都可以被3整除，那么大数减去小数的差同样可以被3整除。

因此，$a+b+c+d+e+f-(a+b+c)=d+e+f$可以被3整除。

我们已经知道d是2或6，e是5，f是2、4、6或者8。

如果d是2，则$2+5+f$可以被3整除，说明f一定是8。（f不能是2，因为d是2，每个阿拉伯数字只出现一次。f不能是4或6，因为11和13都不能被3整除。）

如果d是6，则$6+5+f$可以被3整除。利用同样的方法，可以判断f肯定是4。

因此，中间三个数字有两种可能。def要么是258，要么是654。下面，我们逐个尝试。

第一种可能：def是258。

根据被8整除的条件，如果8位数$ab\ cde\ fgh$可以被8整除，则3位数fgh同样可以被8整除。

因此，$8gh$可以被8整除。

g是1、3、7或9，h是剩余的两个偶数（即4和6）中的一个。无论g如何取值，数字$8g4$都不能被8整除，所以h一定是6。至此，我们已经确定了2、6、8，所以最后这个偶数b只能是4。

现在，这个数变成了下面的形式：

$a\ 4c2\ 58g\ 6i0$

可以被9整除的数都可以被3整除。因此，$a+4+c+2+5+$

$8+g+6+i$ 可以被 3 整除。因为所有可以被 6 整除的数都可以被 3 整除，所以我们断定 $a+4+c+2+5+8$ 可以被 3 整除。前面说过，如果两个数都可以被 3 整除，那么大数减去小数的差同样可以被 3 整除：

$g+6+i$ 肯定可以被 3 整除。

所以，$g+i$ 可以被 3 整除。我们只能从 1、3、7、9 中选出两个数作为 g 和 i 的值，因此，g 和 i 分别是 3 或 9。也就是说，a 和 c 分别是 1 或 7。至此，泛迪吉多数有 4 种可能，其中 a、c、g 与 i 分别是：

1、7、3、9（对应的泛迪吉多数为 1 472 583 690）

7、1、3、9（对应的泛迪吉多数为 7 412 583 690）

1、7、9、3（对应的泛迪吉多数为 1 472 589 630）

7、1、9、3（对应的泛迪吉多数为 7 412 589 630）

拿出计算器，检验这些数是否符合题目中给出的那些条件。你会发现，所有 4 个数都不是正确答案。

1 472 583 690 不是正确答案，因为 14 725 836 不能被 8 整除。

7 412 583 690 不是正确答案，因为 7 412 583 不能被 7 整除。

1 472 589 630 不是正确答案，因为 1 472 589 不能被 7 整除。

7 412 589 630 不是正确答案，因为 7 412 589 不能被 7 整除。

推理进入死胡同。由此可见，这条路走不通，def 肯定不能是 258。

第二种可能：*def*是654。

根据被8整除的条件，如果8位数*ab cde fgh*可以被8整除，则3位数*fgh*同样可以被8整除。

因此，4*gh*可以被8整除。

因为4*gh* = 400 + *gh*，且400可以被8整除，所以可以确定*gh*能被8整除。

*g*是1、3、7或9，*h*是剩余的两个偶数（即2和8）中的一个。如果*h* = 8，则*gh*不能被8整除，因此*h*一定是2，而*b*只能是8。

现在，这个数变成了下面的形式：

a 8*c*6 54*g* 2*i*0

可以被9整除的数都可以被3整除。因此，*a* + 8 + *c* + 6 + 5 + 4 + *g* + 2 + *i*可以被3整除。利用上面的方法，可以确定*g* + 2 + *i*肯定可以被3整除，其中*i*和*g*分别是1、3、7或9。

*g*和*i*的值肯定是下面8个组合中的一个：

1和3，

3和1，

1和9，

9和1，

3和7，

7和3，

7和9，

答　案

9 和 7。

接下来，我们利用计算器，逐个检验根据这些组合确定的数字是否符合题目所给的条件。

1 和 3：

7 896 541 230 不符合条件，因为 7 896 541 不能被 7 整除。

9 876 541 230 不符合条件，因为 9 876 541 不能被 7 整除。

3 和 1：

7 896 543 210 不符合条件，因为 7 896 543 不能被 7 整除。

9 876 543 210 不符合条件，因为 9 876 543 不能被 7 整除。

1 和 9：

7 836 541 290 不符合条件，因为 7 836 541 不能被 7 整除。

3 876 541 290 不符合条件，因为 3 876 541 不能被 7 整除。

9 和 1：

7 836 549 210 不符合条件，因为 783 654 不能被 6 整除。

3 876 549 210 不符合条件，因为 3 876 549 不能被 7 整除。

3 和 7：

1 896 543 270 不符合条件，因为 1 896 543 不能被 7 整除。

9 816 543 270 不符合条件，因为 9 816 543 不能被 7 整除。

7 和 3：

1 896 547 230 不符合条件，因为 1 896 547 不能被 7 整除。

9 816 547 230 不符合条件，因为 9 816 547 不能被 7 整除。

7和9：

1 836 547 290不符合条件，因为1 836 547不能被7整除。

3 816 547 290符合所有条件。

9和7：

1 836 549 270不符合条件，因为1 836 549不能被7整除。

3 816 549 270不符合条件，因为3 816 549不能被7整除。

我们终于找到了这个数，它是：3 816 547 290。

⑫ 1 089 与它的同类数

我们的任务是找出符合下列条件的4个阿拉伯数字a、b、c和d：

$a\,bcd \times 4 = d\,cba$

这里的$a\,bcd$不是表示$a \times b \times c \times d$，而是表示一个4位数的千位数是$a$，百位数是$b$，十位数是$c$，个位数是$d$。因此，上述方程展开后就会变为：

$(1\,000a + 100b + 10c + d) \times 4 = 1\,000d + 100c + 10b + a$

我们需要想出一个巧妙的办法，化简并求解这个方程。

第1步：确定a的值。

方程的左边是4的倍数，因此这是一个偶数，而且说明方程的右边也肯定是一个偶数。由于$1\,000d + 100c + 10b$是偶数，所以可以肯定a是偶数。根据方程的左边，我们可以缩小a的取值范围，因为$4\,000a$一定小于9 999。（否则，方程的右边就将是一个5位数。）符合这些条件的偶数只有一个，即 $a = 2$。

第2步：确定 d 的值。

因为 $a = 2$，所以方程左边最小是8 000，由此可以确定 d 等于8或9。假设 $d = 9$，则方程左边的个位数将是6，因为 $9 \times 4 = 36$。但是，由于 $a = 2$，从方程右边可以看出，个位数一定是2。所以，d 只能是8。

将 a 与 d 的值代入方程：

$(2000 + 100b + 10c + 8) \times 4 = 8000 + 100c + 10b + 2$

化简：

$8\,032 + 400b + 40c = 8\,002 + 100c + 10b$

再一次化简：

$390b + 30 = 60c$

又一次化简：

$13b + 1 = 2c$

记住，b 和 c 都是阿拉伯数字，c 的最大值是9，因此 $2c$ 的最大值是18。在这种情况下，b 只能等于1。如果 $b = 1$，则 $c = 7$。

因此，本题的答案是：

$2\,178 \times 4 = 8\,712$

⑫　末位数变首位数

我们要找的这个数在乘以2之后，原来的个位数将变成乘积的首位数。弗里曼·戴森的提示很有用，他告诉我们，具有这个特点的数最少也得是一个18位数。因此，我们设这个数是 nnn nnn nnn nnn nnn nnn_R，其中每个 n 分别表示一个阿拉伯数字，而 n_R 表示末位数。

我们知道：

$$
\begin{array}{r}
nnn\ nnn\ nnn\ nnn\ nnn\ nnn_R \\
\times\ 2 \\
\hline
n_R nn\ nnn\ nnn\ nnn\ nnn\ nnn
\end{array}
$$

我们首先为 n_R 选择一个值。它不能等于0，否则得数只有17位数，而且我们也无法写出这样的乘法算式。它也不能等于1，否则得数的首位数是1，而首位数是1的18位数的一半肯定是一个17位数。但是，它可能等于2。

如果 n_R 等于2，算式就会变成

$$
\begin{array}{r}
nnn\ nnn\ nnn\ nnn\ nnn\ nn2 \\
\times\ 2 \\
\hline
2nn\ nnn\ nnn\ nnn\ nnn\ nnn
\end{array}
$$

通过推断 n 的值，我们有可能完成上面这个等式。$2 \times 2 = 4$，因此，上式最后一行数字的末位数肯定是4。

*nnn nnn nnn nnn nnn nn*2

$$\times\ 2$$

2*nn nnn nnn nnn nnn nn*4

　　最后一行的数字与最上面一行的数字不仅有同样多的位数，而且除了上面数字的末位数变成下面数字的首位数以外，其他各个数字的先后次序也相同。因此，下面数字的末位数与上面数字倒数第二位数相同。由此可见，上面数字的倒数第二位数是4。

*nnn nnn nnn nnn nnn n*42

$$\times\ 2$$

2*nn nnn nnn nnn nnn nn*4

　　因为$4 \times 2 = 8$，所以下面数字的倒数第二位数，以及上面数字的倒数第三位数，肯定都是8。

nnn nnn nnn nnn nnn 842

$$\times\ 2$$

2*nn nnn nnn nnn nnn n*84

　　到目前为止，我们一直在做被乘数是2的乘法。接下来，

$8 \times 2 = 16$，因此下面数字的倒数第三位数和上面数字的倒数第四位数肯定都是6，但这个6仅仅是16的个位数，我们还需要写上一个1，表示进位。

*nnn nnn nnn nnn nn*6 842

$$\times \ 2$$

2*nn nnn nnn nnn nnn* 684
                    1

接着，我们确定下一个*n*的值。这一次不仅有 $6 \times 2 = 12$，还有一个进位的1，所以总和是13。因此，下面数字倒数第四位数与上面数字倒数第五位数是3，还要进1。

*nnn nnn nnn nnn n*36 884

$$\times \ 2$$

2*nn nnn nnn nnn nn*3 684
                    1

按照这个方法确定这两个数字，最终就会得到一个理想的结果：

105 263 157 894 736 842

$$\times \ 2$$

210 526 315 789 473 684

于是，我们找到了一个答案：105 263 157 894 736 842乘以2之后，末位数就会变成首位数，其余所有位数的先后次序保持不变。

如果末位数是3，最后的得数就是157 894 736 842 **105 263**。这个数乘以2之后，就会变成315 789 473 684 210 526。因此，157 894 736 842 105 263也是一个正确答案，其中加粗的部分与第一个正确答案中的某个部分正好相同。如果末位数是4、5、6、7、8或9，同样可以得出符合条件的数字。

⑫　9次幂

但愿你没有试图计算出这些9次幂的值。不过，如果你真的计算了，就应该看出其中的规律：任何数9次幂的末位数都与这个数的末位数相同。

因此，将这些数字按照由小到大的次序排列后，末尾几位数分别是：…0 671，…8 832，…1 953，…6 464，…1 875，…8 416，…5 077，…2 848，…8 759。

事实上，我们可以通过一张表来展现末位数随着指数升高而发生的变化。

从上表可以看出，任何数9次幂的末位数都与这个数的末位数相同，5次幂的末位数也具有同样的特点。

n 的末位数	0	1	2	3	4	5	6	7	8	9
n^2 的末位数	0	1	4	9	6	5	6	9	4	1
n^3 的末位数	0	1	8	7	4	5	6	3	2	9
n^4 的末位数	0	1	6	1	6	5	6	1	6	1
n^5 的末位数	0	1	2	3	4	5	6	7	8	9
n^6 的末位数	0	1	4	9	6	5	6	9	4	1
n^7 的末位数	0	1	8	7	4	5	6	3	2	9
n^8 的末位数	0	1	6	1	6	5	6	1	6	1
n^9 的末位数	0	1	2	3	4	5	6	7	8	9

实际上，幂的末位数与原数的末位数相同是某些指数幂的共有特点，包括5次幂、9次幂、13次幂，以及递增为4的倍数的所有指数幂。

⑫ 指数变成 64 后

2^{64} 表示2自乘64次，也是下面这个两倍递增数列的第64项：

2，4，8，16，32，64，128，256，512，1 024…

这个数列看上去很熟悉吧，再写54项就到了 2^{64}，但是写多了难免会出错。

因此，我们必须想一个办法，在不需要过多计算的前提下，估算出这个数。

等一等，数列的第十项 2^{10} 是 1 024。

这个数约等于 1 000，1 000 是一个非常方便的约整数。

如果 2^{10} 约等于 1 000，1 000 自乘 6 次（即 $1\,000^6$）就约等于 2^{10} 自乘 6 次，即 $(2^{10})^6 = 2^{60}$。

$1\,000^6 = 1\,000\,000\,000\,000\,000\,000$

也就是说，$2^{60} \approx 10^{18}$

我们知道 $2^4 = 16$。

因此，$2^{64} = 2^{60} \times 2^4 \approx 16 \times 10^{18}$

能得出 16×10^{18} 这个估算结果已经相当好了，但我们还可以通过调整取整误差，得出更精确的估算值。

我们把 1 024 估算成 1 000，但 1 024 实际上比 1 000 大 2.4%。每次乘以 1 000 时，还需要把这个 2.4% 补回来。因为我们让 1 000 自乘了 6 次，所以还需要增加 6 个 2.4%，累计约为 15%。因此，改进后的答案应该是 $16 \times 10^{18} \times$（1 + 15%）。

我们可以通过心算，计算出 16×10^{18} 的 15% 是多少。16×10^{18} 的 10% 是 16×10^{17}，5% 是它的一半，即 8×10^{17}，因此 15% 就等于 24×10^{17}。

最终，我们的估算结果是 184×10^{17}。

这个结果与真实值，即 18 446 744 073 709 551 616，非常接近。

⑫ 好多好多的0

数字末尾的0到底有什么含义呢？答案非常简单。末尾有一个0表示这个数可以被10整除，末尾有两个0表示它可以被100（即10×10）整除，末尾有3个0表示它可以被1 000（即10×10×10）整除。换言之，数字末尾的0表示这个数可以被10整除的次数。因此，本题实际上就等于问我们100！可以被10整除多少次。

我们知道：

100！= 100 × 99 × 98 × 97 × … × 3 × 2 × 1

我们把所有项都分析一遍，看看有多少项可以被10整除。

10、20、30、40、50、60、70、80、90和100都可以被10整除，也就是说，100！后面至少有11个0（100包含有两个0，因此需要统计两次）。

不过，这道题没这么简单。两个末位不是0的数也可以通过相乘的方式把末位变成0。例如：

8 × 5 = 40

4 × 15 = 60

6 × 25 = 150

那么，如何才能保证统计时不会遗漏那些末位不是0但是在相乘之后变成0的数呢？我们不妨分解这些数，看看有什么特点。

$8 \times 5 = (2 \times 2 \times 2) \times 5$

整理后变为：

$(2 \times 2) \times (2 \times 5) = 4 \times 10$

同理：

$4 \times 15 = (2 \times 2) \times (3 \times 5) = (2 \times 3) \times (2 \times 5) = 6 \times 10$

$6 \times 25 = (3 \times 2) \times (5 \times 5) = (3 \times 5) \times (2 \times 5) = 15 \times 10$

　　如果两个数末位都不是0，但它们乘积的末位是0，那么它们的乘法分解因式中肯定有2和5。只要一连串的乘数中有2和5，我们就可以将它们组合到一起得到10。

　　因此，我们对问题进行重新表述：查找100！的乘法分解因式中2和5的组合个数。

　　实际上，我们还可以进一步简化这个问题。从本质上讲，我们就是要确定100！可以分解出多少个5。100！分解出来的2显然远多于5，因此2和5的组合个数就等于数字5的个数。

　　1~100的整数可以分解出多少个5呢？我们从1开始统计，下面这些数都可以分解出5：

　　5，10，15，20，25…90，95，100。

　　一共20项，其中25、50、75和100可以分解出2个5，其余各项分别可以分解出1个5。因此，100！可以分解出共24个5。

　　答案已经出来了：100！的末尾一共有24个0。

　　我把这个数全部写出来，大家可以数一数，看看是不是有

24个0：93 326 215 443 944 152 681 699 238 856 266 700 490 715 968 264 381 621 468 592 963 895 217 599 993 229 915 608 941 463 976 156 518 286 253 697 920 827 223 758 251 185 210 916 864 000 000 000 000 000 000 000 000。

　　我在本书中选用、改写的趣味问题均来自下面列出的这些文本，但它们可能不是这些趣题的最初来源。有的趣题名称是我后加的，星号（＊）表示这道题的文字表述直接引自参考资料（或者直接译自参考资料）。

　　在出版之前，出版方已经尽最大努力联系版权持有人。如有涉及版权的问题，请联系出版方。

　　除列出的这些书目以外，本书在创作过程中还参考了以下来源：戴维·辛马斯特的《趣味数学大全》（已出版，可通过网络获取），亚历山大·博格莫尔尼的网站 www.cut-the-knot.org，圣安德鲁斯大学的麦可图托数学史档案网站。

前　言

Number Tree (puzzle p. 1; solution p. 5). Nobuyuki Yoshigahara. *Puzzles 101*, A K Peters/CRC Press (2003).

Canals on Mars (puzzle p. 2; solution p. 6). Sam Loyd. Martin Gardner (ed.), *Mathematical Puzzles of Sam Loyd*, Dover Publications Inc. (2000).

暖身趣味十题：
你连 11 岁的孩子都不如吗？

All problems © United Kingdom Mathematics Trust.

卷心菜、花心丈夫和斑马
有趣的逻辑问题

① Wolf, Goat and Cabbages (puzzle p. 14; solution pp. 14–16): Alcuin, *Propositiones ad Acuendos Juvenes* (9th century).

②* Three Friends and their Sisters (puzzle p. 17; solution p. 200): Alcuin, *Propositiones ad Acuendos Juvenes* (9th century).

③ Crossing the Bridge (puzzle p. 19; solution p. 202): William Poundstone, *How Would You Move Mount Fuji?*, Little Brown and Co. (2003).

④* The Double Date (puzzle p. 20; solution p. 202): Alcuin, *Propositiones ad Acuendos Juvenes* (9th century).

⑤* The Dinner Party (puzzle p. 21; solution p. 203): Lewis Carroll, *A Tangled Tale*, Macmillan and Co. (1885).

⑥ Liars, Liars (puzzle p. 22; solution p. 204): Lewis Carroll in Martin Gardner, *The Universe in a Handkerchief*, Copernicus (1996).

⑦ Smith, Jones and Robinson (puzzle p. 22; solution p. 204): Henry Ernest Dudeney, *Strand Magazine* (April 1930).

⑧* St Dunderhead's (puzzle p. 25; solution p. 205) : Hubert Phillips, S. T. Shovelton, G. Struan Marshall, *Caliban's Problem Book*, T. De La Rue (1933).

⑨* A Case of Kinship (puzzle p. 26; solution p. 206): Hubert Phillips, S. T. Shovelton, G. Struan Marshall, *Caliban's Problem Book*, T. De La Rue (1933).

⑩ The Zebra Puzzle (puzzle p. 27; solution p. 207): *Life International* (17 December 1962).

⑪ * Caliban's Will (puzzle p. 29; solution p. 210): Hubert Phillips, S. T. Shovelton, G. Struan Marshall, *Caliban's Problem Book*, T. De La Rue (1933).

⑫ Triangular Gunfight (puzzle p. 30; solution p. 211): Hubert Phillips, *Question Time*, J. M. Dent (1937).

⑬ Apples and Oranges (puzzle p. 31; solution p. 212): William Poundstone, *How Would You Move Mount Fuji?*, Little Brown and Co. (2003).

⑭ Salt, Pepper and Relish (puzzle p. 31; solution p. 213): Adapted from Martin Gardner, *My Best Mathematical and Logic Puzzles*, Dover Publications (1994).

⑮ Rock, Paper, Scissors (puzzle p. 32; solution p. 213): Yoshinao Katagiri in Nobuyuki Yoshigahara, *Puzzles 101*, A K Peters/CRC Press (2003).

⑯ Mud Club (puzzle p. 33; solution pp. 33–35): Hubert Phillips, *Week-End*, taken from Hans van Ditmarsch, Barteld Kooi, *One Hundred Prisoners and a Light Bulb*, Springer (2015).

⑰ Soot's You (puzzle p. 36; solution p. 214): George Gamow, Marvin Stern, *Puzzle-Math*, Viking Books (1957).

⑱ Forty Unfaithful Husbands (puzzle p. 37; solution p. 214): George Gamow, Marvin Stern, *Puzzle-Math*, Viking Books (1957).

⑲ Box of Hats (puzzle p. 38; solution p. 216): Kobon Fujimura, *The Tokyo Puzzles*, Biddles Ltd (1978).

⑳ Consecutive Numbers (puzzle p. 40; solution p. 217): Hans van Ditmarsch, Barteld Kooi, *One Hundred Prisoners and a Light Bulb*, Copernicus (2015), based on J. E. Littlewood, *A Mathematician's Miscellany*, Methuen and Co. Ltd (1953).

㉑ Cheryl's Birthday (puzzle p. 41; solution p. 218): Joseph Yeo Boon Wooi, Singapore and Asian Schools Math Olympiad.

㉒ Denise's Birthday (puzzle p. 43; solution p. 219): Joseph Yeo Boon Wooi, theguardian.com.

㉓ The Ages of the Children (puzzle p. 44; solution p. 220): Author unknown.

㉔* Wizards on a Bus (puzzle p. 45; solution p. 221): John Hhorton Conway, Tanya Khovanova, 'Conway's Wizards', *The Mathematical Intelligencer*, vol. 35 (2013).

㉕ Vowel Play (puzzle p. 46; solution p. 225): Peter Wason, 'Wason selection task', Wikipedia.

暖身趣味十题：
你是文字游戏的高手吗？

Questions 1, 3, 5, 7 and 9 are examples of the game of HIPE, invented by Peter Winkler and featured in his book *Mathematical Mind-Benders*, AK Peters/ CRC Press (2007).

Questions 2 and 4 I have seen in many places, but I first read them in Nobuyuki Yoshigahara, *Puzzles 101,* AK Peters/CRC Press (2003).

Question 6: David Singmaster, *Puzzles for Metagrobologists*, World Scientific (2006).

Questions 8 and 10: Author unknown.

绕着原子行走的人
错乱的几何问题

㉖ The Lone Ruler (puzzle p. 53; solution p. 228): The Grabarchuk Family, *The Big, Big, Big Book of Brainteasers*, Puzzlewright (2011).

㉗ Rope Around the Earth (puzzle p. 55; solution p. 229): Author unknown.

㉘ Bunting for the Street Party (puzzle p. 58; solution p. 230): Based on a conversation with Colin Wright.

㉙ On Yer Bike, Sherlock! (puzzle p. 60; solution p. 231): Joseph D. E. Konhauser, Dan Velleman, Stan Wagon, *Which Way Did the Bicycle Go?*, The Mathematical Association of America (1997).

㉚ Fuzzy Math (puzzle p. 62; solution p. 232): Based on an idea in Joseph D. E. Konhauser, Dan Velleman, Stan Wagon, *Which Way Did the Bicycle Go?*, The Mathematical Association of America (1997).

㉛ Round in Circles (puzzle p. 63; solution p. 232): *New York Times* (25 May 1982).

㉜ Eight Neat Sheets (puzzle p. 64; solution p. 233): Kobon Fujimura, *The Tokyo Puzzles*, Biddles Ltd (1978).

㉝ A Square of Two Halves (puzzle p. 65; solution p. 234): Kobon Fujimura, *The Tokyo Puzzles*, Biddles Ltd (1978).

㉞ The Wing and the Lens (puzzle p. 66; solution p. 234): Kobon Fujimura, *The Tokyo Puzzles*, Biddles Ltd (1978).

㉟ Sangaku Circles (puzzle p. 68; solution p. 235): H. Fukagawa, A. Rothman, *Sacred Mathematics: Japanese Temple Geometry*, Princeton University Press (2008).

㊱ Sangaku Triangle (puzzle p. 69; solution p. 237): H. Fukagawa, A. Rothman, *Sacred Mathematics: Japanese Temple Geometry*, Princeton University Press (2008).

㊲ Treading on the Tatami (puzzle p. 70; solution p. 238): Kobon Fujimura, *The Tokyo Puzzles*, Biddles Ltd (1978).

㊳ Fifteen Tatami Mats (puzzle p. 71; solution p. 238): Donald Knuth, *The Art of Computer Programming*, Addison-Wesley (1968).

㊴ Nob's Mats (puzzle p. 72; solution p. 239): Nobuyuki Yoshigahara, *Puzzles 101*, A K Peters/CRC Press (2003).

㊵ Around the Staircases (puzzle p. 73; solution p. 239): Based on the Mutilated Chessboard Problem, author unknown, Wikipedia.

㊶ Random Staircases (puzzle p. 74; solution p. 239). Adapted from the Mutilated Chessboard Problem, author unknown, Wikipedia.

㊷ Woodblock Puzzle (puzzle p. 75; solution p. 240): Suggested by Joseph Yeo Boon Wooi.

㊸ Picture on the Wall (puzzle p. 78; solution p. 240): Peter Winkler, *Mathematical Mind-Benders*, A K Peters/CRC Press (2007).

㊹ A Notable Napkin Ring (puzzle p. 79; solution p. 242): Martin Gardner, *My Best Mathematical and Logic Puzzles*, Dover Publications (1994).

㊺ Area Maze (puzzle p. 82; solution p. 244): © Naoki Inaba.

㊻ Shikaku (puzzle p. 84; solution p. 244): © Nikoli.

㊼ Slitherlink (puzzle p. 86; solution p. 244): © Nikoli.

㊽ Herugolf (puzzle p. 88; solution p. 245): © Nikoli.

㊾ Akari (puzzle p. 90; solution p. 245): © Nikoli.

㊿ The Dark Room (puzzle p. 92; solution p. 245): Joseph D. E. Konhauser, Dan Velleman, Stan Wagon, *Which Way Did the Bicycle Go?*, The Mathematical Association of America (1997).

暖身趣味十题：
你连 12 岁的孩子都不如吗？

All problems © United Kingdom Mathematics Trust.

鸡与数学

现实生活中的趣味问题

(51) One Hundred Fowls (puzzle p. 98; solution p. 100): David Singmaster, *Sources in Recreational Mathematics*.

(52) One Hundred Birds (puzzle p. 101; solution p. 249): Abu Kamil, *Book of Birds* (n.d.).

(53) The 7-Eleven (puzzle p. 102; solution p. 250). Author unknown.

(54) The Three Jugs (puzzle p. 104; solution p. 252): Abbott Albert, *Annales Stadenses* (13th century).

(55) The Two Buckets (puzzle p. 107; solution p. 252): Adaptation of the Three Jugs puzzle.

(56) The White Coffee Problem (puzzle p. 108; solution p. 252): Author unknown.

(57) Water and Wine (puzzle p. 108; solution p. 253): Martin Gardner, *My Best Mathematical and Logic Puzzles*, Dover Publications (1994).

(58) Famous for 15 Minutes (puzzle p. 109; solution p. 254): Yuri B. Chernyak, Robert M. Rose, *The Chicken from Minsk*, Basic Books (1995).

(59) A Fuse to Confuse (puzzle p. 110; solution p. 255): (i) Author unknown. (ii) 'Time to Burn', Varsity Math week 25, *Wall Street Journal*; and MoMath.org.

(60) The Biased Coin (puzzle p. 111; solution p. 256): Attributed to John von Neumann.

(61) Divide the Flour (puzzle p. 111; solution p. 256): Adapted from Boris A. Kordemsky, *The Moscow Puzzles*, Dover Publications (1955).

(62) Bachet's Weight Problem (puzzle p. 113; solution p. 256): Claude-Gaspard Bachet, *Problèmes Plaisants & Délectables Qui Se Font Par Les Nombres*, 5th edn, A. Blanchard (1993).

(63) The Counterfeit Coin (puzzle p. 115; solution p. 258): Boris A. Kordemsky, *The Moscow Puzzles*, Dover Publications (1955).

(64) The Fake Stack (puzzle p. 116; solution p. 260): Martin Gardner, *My Best Mathematical and Logic Puzzles*, Dover Publications (1994).

(65) From Le Havre to New York (puzzle p. 117; solution p. 260): Charles-Ange Laisant, *Initiation mathématique*, Hachette (1915).

(66) The Round Trip (puzzle p. 118; solution p. 261): William Poundstone, *Are You Smart Enough to Work at Google?*, Little, Brown and Co. (2012).

(67) The Mileage Problem (puzzle p. 119; solution p. 262): Harry Nelson in Scott Kim, *The Little Book of Big Mind Benders*, Workman Publishing (2014).

(68) The Overtake (puzzle p. 119; solution p. 263): Dick Hess, *Mental Gymnastics*, Dover Publications (2011).

⑥⑨ The Running Styles (puzzle p. 120; solution p. 263): Joseph D. E. Konhauser, Dan Velleman, Stan Wagon, *Which Way Did the Bicycle Go?*, The Mathematical Association of America (1997).

⑦⓪ The Shrivelled Spuds (puzzle p. 120; solution p. 265): Author unknown.

⑦① The Wage Wager (puzzle p. 122; solution p. 266): W. W. Rouse Ball, *Mathematical Recreations and Essays*, Project Gutenberg (1892).

⑦② A Sticky Problem (puzzle p. 122; solution p. 267): Frederick Mosteller, *Fifty Challenging Problems in Probability*, Dover Publications (1965).

⑦③ The Handshakes (puzzle p. 123; solution p. 267): Author unknown.

⑦④ The Handshakes and the Kisses (puzzle p. 123; solution p. 268): The Grabarchuk Family, *The Big, Big, Big Book of Brainteasers*, Puzzlewright (2011).

⑦⑤ The Lost Ticket (puzzle p. 124; solution p. 269): Peter Winkler, *Mathematical Puzzles*, A K Peters/CRC Press (2003).

暖身趣味十题：
你是地理天才吗?

The idea of having geography questions in a book of mathematical puzzles is borrowed from Peter Winkler, who did the same in *Mathematical Puzzles*, A K Peters/CRC Press (2003). Some of my questions are inspired by his, and they all involve some kind of mathematical thinking.

我要栽 9 棵树，请你帮帮忙
小道具趣味问题

Four Coins (puzzle p. 128; solution p. 129): H. E. Dudeney, *536 Puzzles & Curious Problems*, Scribner Book Co. (1983).

⑦⑥ The Six Coins (puzzle p. 129; solution p. 273): H. E. Dudeney, *536 Puzzles & Curious Problems*, Scribner Book Co. (1983).

(77) Triangle to Line (puzzle p. 130; solution p. 273): Erik Demaine, Martin Demaine, 'Sliding Coin Puzzles' in *Tribute to a Mathemagician*, A K Peters/CRC Press (2004).

(78) The Water Puzzle (puzzle p. 131; solution p. 274): Nobuyuki Yoshigahara, *Puzzles 101*, A K Peters/CRC Press (2003), and Erik Demaine and Martin Demaine, 'Sliding Coin Puzzles' in *Tribute to a Mathemagician*, A K Peters/CRC Press (2004).

(79)* The Five Pennies (puzzle p. 132; solution p. 274): H. E. Dudeney, *Amusements in Mathematics*, Project Gutenberg (1958), and Kobon Fujimura, *The Tokyo Puzzles*, Biddles Ltd (1978).

(80) Planting Ten Trees (puzzle p. 134; solution p. 275): H. E. Dudeney, *Amusements in Mathematics*, Project Gutenberg (1958).

(81) The Space Race (puzzle p. 137; solution p. 276): H. E. Dudeney, *Amusements in Mathematics*, Project Gutenberg (1958).

(82) Tait's Teaser (puzzle p. 138; solution p. 277): P. G. Tait, Introductory Address to the Edinburgh Mathematical Society, Nov 9, 1883, found in *Philosophical Magazine* (January 1884). Extra puzzle: Martin Gardner, *My Best Mathematical and Logic Puzzles*, Dover Publications (1994).

(83) The Four Stacks (puzzle p. 140; solution p. 278): Edouard Lucas, *Recreations Mathematiques*.

(84) Frogs and Toads (puzzle p. 141; solution p. 278): Edouard Lucas, *Recreations Mathematiques*.

(85) Triangle Solitaire (puzzle p. 142; solution p. 279): Martin Gardner, *Mathematical Carnival*, Alfred A. Knopf (1975).

(86) Coins in the Dark (puzzle p. 144; solution p. 279): Author unknown.

(87) The One Hundred Coins (puzzle p. 145; solution p. 280): Gyula Horváth, International Olympiad in Informatics 1996, in Peter Winkler, *Mathematical Puzzles*, A K Peters/CRC Press (2003).

88. Free the Coin (puzzle p. 146; solution p. 281): Jack Botermans, *Matchstick Puzzles*, Sterling (2007).

89. Pruning Triangles (puzzle p. 146; solution p. 281): H. E. Dudeney, *536 Puzzles & Curious Problems*, Scribner Book Co. (1983).

90. Triangle, and Triangle Again (puzzle p. 147; solution p. 281): Kobon Fujimura, *The Tokyo Puzzles*, Biddles Ltd (1978).

91. Growing Triangles (puzzle p. 148; solution p. 282): (i) The Grabarchuk Family, *The Big, Big, Big Book of Brainteasers*, Puzzlewright (2011). (ii) Author unknown.

92. A Touching Problem (puzzle p. 149; solution p. 282): Martin Gardner, *My Best Mathematical and Logic Puzzles*, Dover Publications (1994).

93. Point to Point (puzzle p. 149; solution p. 282): Joseph D. E. Konhauser, Dan Velleman, Stan Wagon, *Which Way Did the Bicycle Go?*, The Mathematical Association of America (1997).

94. The Two Enclosures (puzzle p. 150; solution p. 283): H. E. Dudeney, *536 Puzzles & Curious Problems*, Scribner Book Co. (1983).

95. Folding Stamps (puzzle p. 151; solution p. 283): H. E. Dudeney, *536 Puzzles & Curious Problems*, Scribner Book Co. (1983).

96. The Four Stamps (puzzle p. 152; solution p. 284): H. E. Dudeney, *Amusements in Mathematics*, Project Gutenberg (1958).

97. The Broken Chessboard (puzzle p. 154; solution p. 285): H. E. Dudeney, *The Canterbury Puzzles*, E. P. Dutton and Co. (1908).

98. Folding a Cube (puzzle p. 155; solution p. 285): Nobuyuki Yoshigahara, *Puzzles 101*, A K Peters/CRC Press (2003).

99. The Impossible Braid (puzzle p. 156; solution p. 286): Author unknown.

100. Tangloids (puzzle p. 158): Martin Gardner, *New Mathematical Diversions*, The Mathematical Association of America (1996).

暖身趣味十题：
你连 13 岁的孩子都不如吗？

All problems © United Kingdom Mathematics Trust.

纯粹的数字游戏
为纯粹主义者准备的问题

⑩ Mirror, Mirror (puzzle p. 168; solution p. 291): Boris A. Kordemsky, *The Moscow Puzzles*, Dover Publications (1955).

⑩ Nous Like Gauss (puzzle p. 168; solution p. 291): Derrick Niederman, *Math Puzzles for the Clever Mind*, Sterling (2001).

⑩ That's Sum Table (puzzle p. 169; solution p. 292): Anany Levitin, Maria Levitin, *Algorithmic Puzzles*, Oxford University Press (2011).

⑩ The Square Digits (puzzle p. 170; solution p. 293): Kobon Fujimura, *The Tokyo Puzzles*, Biddles Ltd (1978).

⑩ The Ghost Equations (puzzle p. 170; solution p. 293): Nobuyuki Yoshigahara, *Puzzles 101*, A K Peters/CRC Press (2003).

⑩ Ring my Number (puzzle p. 170; solution p. 294): Nobuyuki Yoshigahara, *Puzzles 101*, A K Peters/CRC Press (2003).

⑩ The Four Fours (puzzle p. 172; solution p. 294): Solutions thanks to http://mathforum.org/ruth/four4s.puzzle.html.

⑩ Our Columbus Problem (puzzle p. 174; solution p. 295): Sam Loyd in Martin Gardner (ed.), *More Mathematical Puzzles of Sam Loyd*, Dover Publications (1960).

⑩ Threes and Eights (puzzle p. 175; solution p. 296): Author unknown.

⑩ Child's Play (puzzle p. 176; solution p. 296): Author unknown.

⑪ Follow the Arrow 1 (puzzle p. 176; solution p. 297): Nobuyuki Yoshigahara, *Puzzles 101*, A K Peters/CRC Press (2003).

⑪ Follow the Arrow 2 (puzzle p. 177; solution p. 297): Nobuyuki Yoshigahara, *Puzzles 101*, A K Peters/CRC Press (2003).

⑬ Follow the Arrow 3 (puzzle p. 177; solution p. 298): William Poundstone, *Are You Smart Enough to Work at Google?*, Little, Brown and Co. (2012).

⑭ Dictionary Corner (puzzle p. 178; solution p. 299): Dick Hess, *Mental Gymnastics*, Dover Publications (2011).

⑮ The Three Witches (puzzle p. 182; solution p. 302): Mike Keith, http://www.cadaeic.net/alphas.htm.

⑯ Odds and Evens (puzzle p. 183; solution p. 303): Martin Gardner, *The Unexpected Hanging and Other Mathematical Diversions*, University of Chicago Press (1963).

⑰ The Crossword that Counts Itself (puzzle p. 184; solution p. 305): Lee Sallows in Joseph D. E. Konhauser, Dan Velleman, Stan Wagon, *Which Way Did the Bicycle Go?*, The Mathematical Association of America (1997).

⑱ An Autobiography in Ten Digits (puzzle p. 187; solution p. 308): Martin Gardner, *Mathematical Circus*, Vintage Books (1968).

⑲ Pandigital Pandemonium (puzzle p. 188; solution p. 310): Ivan Moscovich, *The Big Book of Brain Games*, Workman Publishing (2006).

⑳ Pandigital and Pandivisible? (puzzle p. 189; solution p. 310): Author unknown.

㉑ 1089 and All That (puzzle p. 190; solution p. 314): Joseph D. E. Konhauser, Dan Velleman, Stan Wagon, *Which Way Did the Bicycle Go?*, The Mathematical Association of America (1997).

㉒ Back to Front (puzzle p. 191; solution p. 315): *New York Times* online (6 April 2009).

㉓ The Ninth Power (puzzle p. 192; solution p. 317): Derrick Niederman, *Math Puzzles for the Clever Mind*, Sterling (2001).

㉔ When I'm Sixty-four (puzzle p. 192; solution p. 318): William Poundstone, *Are You Smart Enough to Work at Google?*, Little, Brown and Co. (2012).

㉕ A Lot of Nothing (puzzle p. 193; solution p. 319): William Poundstone, *Are You Smart Enough to Work at Google?*, Little, Brown and Co. (2012).

致　谢

感谢英国大不列颠数学协会会长蕾切尔·格林哈尔希，因为得到了她的允许，我才得以在"暖身趣味十题"中再现了少年数学竞赛中的部分精彩问题。英国大不列颠数学协会是一个慈善机构，通过组织全英国的数学竞赛、选拔优秀学生参加国际奥林匹克竞赛，激发了成千上万的青少年学习数学的热情。每年，英国大约有30万11~13岁的青少年参加该协会举办的少年数学竞赛。登录www.ukmt.org.uk可以了解更多信息，获取更多资源。

在写博客以及为本书收集资料的过程中，我与众多数学专业人士、趣味问题专家、爱好者以及设计人员进行了深入交流，在此向他们表示感谢。特别感谢戴维·辛马斯特、塔尼娅·科凡诺娃、约瑟夫·杨、考林·莱特、稻叶直树、锻治真起、吉米·高特、迪克·赫斯、盖里·福希、约翰·康威、考林·贝弗里奇、亚当·P.戈切尔、汉斯·范·迪马斯、李·塞洛斯、麦克·基思、比尔·里奇、理查德·福斯特、奥托·杨科、詹姆斯·马歇尔和亚历杭德罗·埃里克森。

劳拉·哈桑是一位业务精湛的编辑，特别善于激发作者的灵感。本书在出版过程中得到了琳赛·戴维斯的悉心指导。在露丝·莫里与露丝·路德的帮助下，里奇·卡尔完成了简约雅致的设计，把本书英文版变成了我见过的最漂亮的一本书。感谢安德鲁·乔伊斯为本书绘制的精美漫画。本·萨姆纳是业内最杰出的版权编辑之一，哈米希·艾恩赛德是一名专业的数学书籍校对员。此外，我还要感谢法勃尔出版社（Faber）宣传部的劳伦·尼科尔、市场部的琳赛·泰瑞尔、发行部的杰克·墨菲、设计部的亚历克斯·柯比，以及戈迪安-法勃尔出版社的萨拉·蒙哥马利。

感谢我的代理人丽贝卡·卡特尔和她在詹克洛和奈斯比公司的同事艾玛·派瑞、丽贝卡·弗兰和克斯蒂·戈登。

《卫报》从一开始就对我的趣味问题博客给予了大力支持，随后塔什·里斯-班克斯、皮特·埃切尔斯和詹姆斯·兰德森也向我提供过帮助，在此向他们表示感谢。

还有一些朋友也做出了某种贡献，但还是让他们自己想一想，到底在哪个方面为我提供了帮助吧。这些朋友包括：埃德蒙·哈里斯、西沃恩·罗伯茨、迈特·麦卡莱斯特、常冈千惠子、萨姆·卡梅尔和安妮特·麦肯齐。

最后，我要感谢我的妻子娜塔莉，如果没有她的爱与支持，我就不可能完成本书。在我创作本书时，我们的儿子泽科还不满一周岁，不仅我忙得焦头烂额，娜塔莉同样忙得不可开交。